AF501706

# ESSAI

## *SUR LA*

# TOPOGRAPHIE-PHYSIQUE

## *ET MÉDICALE DE PARIS*,

Ou dissertation sur les substances qui peuvent influer sur la santé des Habitans de cette cité.

*Avec une description de ses hopitaux.*

Par le Citoyen AÜDIN-ROUVIERE, Officier de santé, Membre de deux Sociétés libres d'Histoire Naturelle.

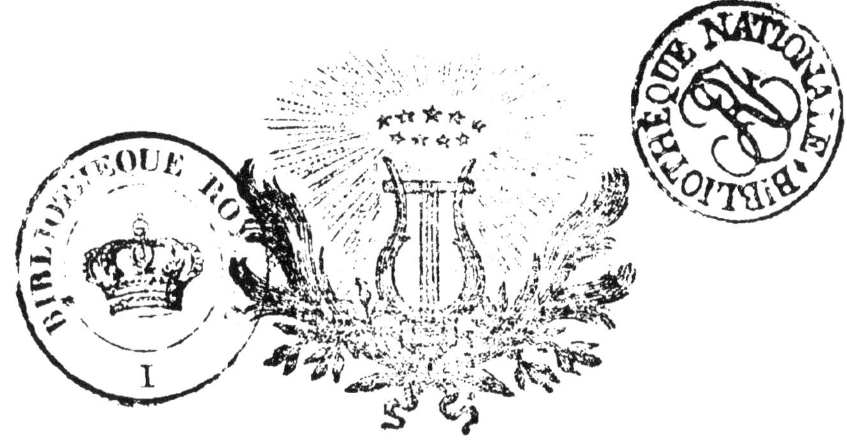


DE L'IMPRIMERIE FRANÇAISE DE MNEMOSYNE, QUAI DES MIRAMIONNES, No. 206

L'an IIe. de la République Française, Une & Indivisible.

Le climat forme la figure, la couleur, le tempérament & les mœurs des nations.

POLYBE.

# AVANT-PROPOS.

LES Substances que la nature a destinées à entretenir dans l'homme le principe de vie, à constituer le tempérament, et à conserver la force et la santé, contribuent aussi à les altérer lorsqu'elles ne sont pas dans un état convenable. C'est une vérité si connue qu'il seroit superflu de la développer. Personne n'ignore que la température de l'air, les qualités du sol, les propriétés des alimens et des boissons, la manière de vivre, influent prodigieusement sur la santé; et que toutes ces choses la conservent ou l'affoiblissent suivant l'usage qu'on en fait, et la manière dont elles sont modifiées; qu'elles varient le caractère des maladies, et que la parfaite connoissance de ces objets indique au médecin attentif, le traitement qu'il doit adopter.

L'ÉTUDE des climats nous montre l'homme avec toutes ses variétés, ce qu'il peut faire et souffrir dans l'état de santé et de maladie; cette étude nous fait voir les différences sensibles qui éxistent dans les maux qui paroissent de même espèce, ainsi que les diverses méthodes de les traiter ; on ne peut qu'avec avantage, comparer, discuter et apprècier ces différentes méthodes.

CETTE étude eût du précéder ou accompagner celle des maladies ; mais les meilleurs médecins ont trop négligé d'exposer la constitution physique du pays où ils exercent. Qui doute néanmoins, qu'une médecine comparée, ne puisse jetter autant de jour sur l'art important de guérir, que l'anatomie comparée, en répand sur l'économie animale ?

TOUT Officier de Santé, jaloux de travailler avec succès au rétablissement et à la conservation de la santé de ses concitoyens, doit donc dans le pays où il exerce son art, étudier avec soin la nature du climat, les propriétés de ses différentes substances, les bonnes ou les mauvaises qualités qu'elles tiennent des circonstances locales ; comment, et à quel dégré, elles se contrarient ou se combinent entr'elles ;

les effets qu'elles produisent sur les fonctions vitales, et les moyens que l'art peut employer pour détruire les vices de localité, ou en diminuer la funeste influence, et pour guérir les maladies qu'ils occasionnent.

IL n'est, sans doute, aucune Commune de la République Françoise, quelque populeuse qu'elle puisse être, qui présente un plus grand nombre d'objets dignes de l'attention du Philosophe, du Physicien, du Médecin, que la ci-devant capitale; son climat, la diversité de son sol, ses productions, le caractère et les mœurs de ses habitans, les maladies auxquelles ils sont le plus fréquemment exposés, forment des tableaux aussi intéressans que variés. Cette courte exposition suffit pour faire désirer qu'on donne une TOPOGRAPHIE PHYSIQUE et MÉDICALE DE PARIS.

LA ci-devant Société Royale de médecine avoit depuis long-tems, invité tous les Officiers de Santé, à faire dans les pays qu'ils habitent, des observations sur tous ces objets, et à les lui communiquer. Cette compagnie ayant pour but cet objet précieux, recompensoit le zèle et le travail des médecins. Déjà elle avoit reçu de presque toutes les parties de la France*, des mémoires sur la Topographie Médicale des Communes et des Cantons.

Des hommes instruits ont aussi donné des apperçus sur Paris, où les substances vivifiantes éprouvent des influences et des variations bien plus frappantes et plus multipliées que par tout ailleurs. Le Citoyen Delhorne a lu, dans une séance publique de cette Société, un plan sur la Topographie Médicale de Paris, et a invité les gens de l'Art à s'occuper de cette matière importante.

C'est pour concourir à ces vues, que j'avois conçu le dessein de me présenter dans une lice honorée par le succès de plusieurs médecins; Mais la Société de Médecine a été comprise dans le décret de la Convention Nationale qui supprime toutes les Academies.

Le Conseil de Santé, non moins jaloux des progrès de l'Art, m'a invité à continuer un travail que je réprendrai avec ardeur, s'il mérite d'être encouragé. Je ne me flatte point d'avoir rempli complettement la tâche qui m'est imposée en traitant un sujet susceptible d'un développement plus vaste, et qui peut être écrit d'une manière plus étendue et plus approfondie.

L'ESSAI que je livre aujourd'hui à l'Impression, offre des apperçus sur l'air, sur ses diverses propriétés, et démontre l'influence de l'atmosphère sur la santé des Parisiens. Il présente quelques données sur les alimens dont on fait usage dans cette Commune, et apprécie leurs bonnes ou mauvaises qualités. Il détruit les préjugés qu'on avoit conçus sur les eaux de la Seine et prouve leur salubrité. Dans un autre article, je parle des saisons et de l'influence qu'elles peuvent avoir sur les infirmités physiques des habitans de cette cité. Le costume des Parisiens étant à-peu-près le même que celui des Citoyens des Départemens, les passions, l'exercice et les habillemens, ne m'ont fourni que quelques observations générales sur l'influence qu'ils exercent sur la santé des hommes : j'ai ajouté quelques conseils diététiques, qui pourront être utiles à un grand nombre d'individus qui habitent Paris. Je les divise en plusieurs classes pour mieux apprécier la différence de chacune, qu'on peut estimer d'avance par la différence des logemens, de la nourriture, des travaux, des usages, de l'habitude et du plus où moins d'aisance : il en résulte des modifications infinies qui influent quelquefois jusque sur les mœurs, et qui préparent les maladies qui viennent affliger ceux qui, dans la dernière classe du peuple, ne peuvent employer aucune précaution pour s'en garantir, et que la loi impérieuse du besoin assujettit à des travaux forcés et à toutes les causes réunies de l'indigence si voisine de l'insalubrité.

JE ne donne qu'une idée succincte, mais suffisante sur la nature et la variété du sol des environs de Paris et sur ses productions : je ne dis rien des minéraux, ni des fossiles et autres objets de cette nature ; des physiciens et des Naturalistes instruits s'en sont occupés avec succès.

LES hôpitaux étant l'asile de l'humanité souffrante et malheureuse, font une partie intégrante de la Topographie Médicale d'un pays ; c'est là, bien mieux encore que dans les habitations particulières des Citoyens aisés, qu'on peut observer les résultats malheureux des influences morbifiques. Aussi ai-je consacré une partie de cet ESSAI à présenter le tableau des hospices de Paris ; j'y ai joint quelques vues d'amélioration sur chacun de ces établissemens.

IL étoit d'ailleurs important de faire connoître la situation et les différentes classes d'infortunés qui sont conduits dans ces asiles par la misère, la vieillesse et l'infirmité, et dont l'unique ressource réside dans la bienfaisance publique. Leur sort est moins à plaindre, sans doute, sous un gouvernement qui honore et soulage le malheur ; et je ne doute point que leur existence ne s'améliore de jour en jour, sous les auspices de l'Égalité Républicaine. Heureux, si la lecture de cet ESSAI est utile aux Parisiens, et si la description qu'il présente des asiles de l'indigence et de l'infirmité, peut fixer les regards du gouvernement sur les abus que j'indique !

---

ESSAI.

# ESSAI

## *SUR LA*

# TOPOGRAPHIE-PHYSIQUE

## *ET MÉDICALE DE PARIS,*

## Ou dissertation sur les substances qui peuvent influer sur la santé des Habitans de cette cité.

*Avec une description de ses hopitaux.*

PARIS, chef-lieu du Département du même nom, est situé, suivant Cassini, à 48 degrés, 50 min. 10 secondes de latitude septentrionale. Cet astronome à fixé sa longitude orientale à l'observatoire, à 19 degrés, 51 min. 30 secondes. Cette ville construite sur quelques éminences peu élevées qui donnent lieu à des inégalités de terrein dans le plan des rues, n'est dominée d'aucun côté par des montagnes qui puissent intercepter les rayons directs du soleil. Les plus grandes hauteurs qui se trouvent dans les environs de Paris, sont le Coteau de Meudon qui a 500 pieds au-dessus des moyennes eaux de la Seine, qui sont de 108 pieds au-dessus du niveau de la Mer. (1). Le

(1) La distance de Paris à l'Océan du côté de l'Ouest, est de 30 lieues de 25 au degré.

Mont-Valérien de 491 & le sommet de la pyramide de Montmartre de 289. Cette ville est située dans une vaste plaine coupée par des collines qui, en récréant la vue & variant les paysages, offrent un coup d'œil pittoresque. Très cisconscrite dans son origine, elle est devenue par ses accroissemens successifs, une des villes les plus vastes & les plus florissantes de l'Europe.

C'est le siége de la Nation assemblée, le foyer des grands Phénomènes politiques, le centre du gouvernement, le ressort principal d'où partent & où viennent réfléchir tous les mouvemens qui agitent la République naissante.

Les grandes routes aboutissent à Paris qui sera toujours le rendez-vous général de la Nation. Cette commune renferme dans ses murs un très-grand nombre d'établissemens utiles & des monumens Publics que le tems seul peut élever dans le cours de plusieurs siècles.

*Le Savant*, *le Curieux*, *l'Ami des Arts* y trouvent réunis tous les objets de leurs Recherches, les Collections les plus complettes en tout genre, depuis l'herbier & les coquillages les plus simples, jusqu'aux ouvrages les plus sublimes des grands maitres; les archives des Nations depuis celles de la France & du Parlement d'Angleterre, jusqu'à celles de la Chine, du Mexique & du Japon.

Déja, & avant même qu'il y ait une grande amélioration dans le systême de l'instruction publique, on vient de réaliser à Paris ce projet digne à la fois d'athènes & de Rome, le plan (*a*) de rassembler tout ce qui peut

---

(*a*) L'organisation du Muséum d'Histoire Naturelle, vient d'être perfectionnée par la Convention Nationale:

procurer à l'homme des instructions & des jouissances réelles, de rendre cette ville le dépôt de toutes les productions de la nature, de toutes les inventions des Arts & de l'industrie. Ses habitans fortunés, sans sortir de leurs foyers, pourront voir, connoître & posséder tous les dons, toutes les richesses que la nature a distribuées aux divers climats de ce globe.

Le Naturaliste, en parcourant le Jardin National des Plantes, peut satisfaire continuellement ses regards avides & curieux, & contempler des arbres, des plantes enlevées au nord & aux tropiques; y admirer des fleurs dont les unes n'ouvriroient point leur calice sur les humides bords de la Tamise & dont les autres ne supporteroient point l'aridité des bords du Tibre ou du Mansanarez (*b*). Il peut considérer dans de longues galeries, tous les trésors que recélaient la profondeur des mines & les abimes de l'Océan, toutes les espèces diverses à qui la nature a donné la vie, soit sur les montagnes, soit dans le gouffre des mers; en

---

parmi les Professeurs de cet établissement, on reconnoit des hommes que l'Europe place au rang de ceux qui ont fait faire de nouveaux progrès aux Sciences Naturelles: il suffit de les nommer pour faire leur éloge, DAUBENTON, PORTAL, FOURCROY, BERTHOLLET, DE JUSSIEU, DESFONTAINES, LAMARK, THOIN, SPANDON. &c.

(*b*) C'est un Torrent qui porte bateau à sa source, & se perd presque entièrement dans les sables, près de Madrid; il se déborde quelquefois subitement par la fonte des Neiges ou par les Pluies qui tombent de la montagne voisine; ainsi se justifie la longueur des magnifiques ponts de Tolède et de Ségovie sous lesquels il passe ordinairement si peu d'eau.

un mot, tous les êtres organisés, (c) vivans ou morts, sont rassemblés, recueillis pour l'instruction commune dans ce temple de la nature.

La ville de Paris a été, & doit être la résidence du goût, l'asile où les sages & les amateurs se plairont à se rassembler & à jouir dans le sein de la Liberté, de tout ce que la sagesse, le goût ou la fantaisie leur feront désirer. Par-tout où la Liberté s'est fixée, en Grèce, en Suisse, en Hollande, dans les États-unis de l'Amérique, l'activité, les talens, les richesses ont centuplé. On ne doit pas douter que la ville où il y a le plus d'industrie, entourée de Départemens fertiles, ne jouisse de tous les avantages de la Liberté, au moment où la France possèdera sans trouble, ce bien précieux qui à doublé l'énergie et la prospérité des autres états.

La Campagne des environs de Paris, est d'une variété charmante ; on y trouve presque sans interruption, des Jardins, des Allées, des Promenades, des Retraites Brillantes, ornées & embellies par les mains de l'opulence ; mais on ne voit point dans la plaine de Vaugirard & celle de Saint Denis (Françiade), ces Prairies délicieuses, ces Coteaux chargés de vignes & d'oliviers, qui présentent un aspect si enchanteur dans quelques Départemens du Midi. La surface du terrein est principalement argilleuse, & n'est pas très fertile ; une culture soutenue par les engrais multipliés, en favorise la végétation ; les boues ferrugineuses que la ville fournit, font fructifier des champs jadis couverts de forêts vastes et épaisses : les maisons qui

---

(c). On s'occupe à placer dans cet intéressant Établissement, une Ménagerie encore mieux composée que n'étoit celle de Versailles.

forment les principaux quartiers de la ville, ont remplacé ces mêmes forêts. Il n'éxiste même plus de nos jours, que les bois de Boulogne, la Muette, St. Cloud, Meudon, Vincennes : les arbres de haute futaie ou de taillis touffus, sont, l'orme, l'aune, le hêtre & le chêne, celui-ci plus commun autrefois étoit l'arbre par excellence; Pline & les Écrivains qui en ont parlé, l'appelent l'arbre des Gaules.

Les fruits à pepin & à noyau, abondent dans les environs de Paris, la culture les y a vraiment perfectionés, la nature & l'art en varient tellement la qualité, qu'ils deviennent, pour ainsi dire, des productions nouvelles par leur saveur & leur beauté.

Les arbres qui paroissent le mieux réussir & être plus adaptés au territoire sont, le poirier, le pommier, le cerisier, le noyer. Les Jardiniers qui ont su perfectionner leur art, cultivent avec intelligence, des pêchers, des abricotiers qui fournissent des fruits excellens : les figuiers & les orangers s'acclimatent avec peine, & n'y sont soutenus que par la réunion des précautions les plus recherchées : l'olivier ne peut absolument être transplanté en pleine terre. Le terrein ni le soleil ne sont point favorables à la Vigne; son fruit n'y puise pas ce doux suc, ce nectar qu'il donne avec fécondité dans les Départemens Méridionaux.

Les végétaux destinés par la nature à servir d'aliment aux hommes, sont cultivés avec soin dans les marais ou jardins multipliés qui environnent Paris. L'œil fatigué par la vue de la boue qui couvre presque toujours une partie du pavé de cette ville, aime à se reposer sur les campagnes des environs, ou sur les jardins de l'intérieur

On trouve dans les environs de Paris, pour l'usage des arts & de la médecine, cette quantité diversifiée de plantes cosmopolites qui semblent se semer d'elles-mêmes ; les vents en transportent les germes, jusqu'à ce que des circonstances favorables favorisent leur dépôt & leur développement : elles varient suivant la qualité du sol & son exposition. En général, on trouve peu de plantes grasses & aquatiques, & moins encore de celles qui sont aromatiques & odorantes; celles-ci demandent un climat plus chaud, l'action vive & non interceptée du soleil : la nomenclature de ces plantes, est trop longue pour trouver ici sa place.

La population de Paris est prodigieuse, on n'a jamais pu la déterminer par les calculs ordinaires, vû que sur un nombre annuel de vingt mille cinq ou six cens naissances, une partie est composée d'enfans trouvés, nés à Paris ou dans les environs.

Cette génération moissonnée dès les premières années dans une proportion effrayante, n'offre rien moins qu'une bâse exacte aux recherches sur la population : un économiste trop célèbre s'en est occupé pendant son ministère ; il a cru, après plusieurs indices, ne pas s'écarter de la vérité, en évaluant ce nombre de 640 à 680 mille, selon les saisons de l'année, où la ville étoit alors plus ou moins peuplée. Il est difficile, à l'époque actuelle, de se procurer les données exactes, de rassembler les diverses notions, les calculs exacts même assis sur la plus grande masse connue de probabilité, pour connoître parfaitement la population de Paris. On voit aisément que les émigrations, le grand nombre de guerriers qui ont volé à la défense de la Patrie, l'absence des voyageurs étrangers & une foule

d'autres.

d'autres circonstances sur lesquelles le gouvernement influe immédiatement, ont occasionné une diminution sensible, dans le nombre des habitans de cette cité.

Nos mœurs nouvelles, les vertus républicaines, les bienfaits de la paix et de la constitution, entretiendront l'équilibre nécessaire, et donneront à toutes les parties de la république, ce mouvement égal et uniforme qui tend à tout vivifier.

Avant l'époque de la révolution, le nombre des mariages étoit de cinq ou six mille : au commencement du siècle, ils avoient augmenté comme la population. En 1709 il ne s'en contractoit que 3047.

En 1710 . . . . . . . . . . . . . . . . . . . . . . 3388.

En 1711. . . . . . . . . . . . . . . . . . . . . . . 4484.

Ils se soutiennent à-peu-près à 4000 pendant plusieurs années, et retombent rarement à 3800, ou 3900.

En 1752, les naissances furent au nombre de 20227. Cet accroissement momentané ne se soutint pas; les mariages continuèrent d'être annuellement de 4000 & quelques cens jusqu'en 1774, où ils furent de 5114. En 1775, de 5015.

Les mariages tendoient à s'accroître, avant l'année 1789, ainsi que les naissances. J'aurois désiré présenter ici un tableau général par année commune des mariages, des naissances et des morts, suivant la méthode des tables de mortalité, en usage en Angleterre; mais je n'ai pu les calculer, que par une approximation très-imparfaite.

Il meurt à Paris, année commune, 18 ou 20 mille individus : tous les hivers rigoureux augmentent cette mortalité. En 1709, elle s'est trouvée de 30000. En 1740 de 24000.

D'après les mêmes observations, il naît à Paris plus de garçons que de filles, et il y meurt plus d'hommes que de femmes, non-seulement dans la proportion des naissances des mâles, mais encore considérablement au-delà de ce rapport; car sur dix ans de vie courante, les femmes ont un an de plus que les hommes; ainsi la différence est d'un neuvième entre le sort final des hommes et celui des femmes.

On ne peut se défendre des plus tristes pensées, en parcourant les nombreux régistres de morts et de naissances, et en mesurant le petit espace qui sépare ces deux termes de la vie; quand on voit un quart de la génération périr avant trois ans, un autre avant vingt-cinq, un troisième avant cinquante, et le reste se dissiper en peu de temps; on croit être spectateur d'un naufrage, et l'on est tantôt épouvanté de la fragilité de la vie, et tantôt étonné des vastes projets que l'esprit humain sait unir à cette courte durée, pendant laquelle il parvient souvent à les exécuter.

Les hommes sont en général ce que le gouvernement les fait: pour les connoître, il faut les fréquenter. Le caractère, les mœurs du Parisien ont des nuances si variées, qu'il n'est guère possible que la peinture d'une année, ressemble à celle de l'année suivante. On voit facilement que la révolution a beaucoup influé sur le moral du Parisien; en changeant ses habitudes sociales, elle n'a pas altéré absolument l'essence de son caractère primitif; il aime les talens en tout genre, il a de l'esprit et des lumières: idolâtre des arts dont Paris sera toujours le centre, il les cultive avec succès, et apprécie avec discernement les artistes célèbres que la considération populaire et les récompenses du gouvernement soutiennent dans cette commune. Le Parisien unit au phlegme qui caractérise les citoyens des départemens du Nord, cette vivacité et cette finesse dont sont doués ordinairement les heureux habitans d'un beau ciel, d'un climat toujours pur et serein.

On trouvoit autrefois à Paris, encore plus souvent qu'aujourd'hui, de ces hommes plus faits pour l'amusement et les liaisons de société, que pour le commerce d'une vraie amitié; le Parisien de l'année *1788*, étoit l'être de la terre qui avoit le plus de jouissances et le moins de regret; ayant des connaissances sans nombre, il mouroit souvent seul: léger, frivole, ne s'attachant à rien fortement, il oublioit avec la même facilité; foible par caractère, esclave par habitude, doux, humain, timide, sociable, il sembloit que rien ne pouvoit le familiariser avec la vue du sang, ni lui inspirer le courage et l'énergie nécessaires, pour briser les liens qui le tenoient asservi; il avoit tous les vices de la foiblesse: et en même-tems qu'on trouvoit en lui cette gaieté qui le distinguoit, et le rendoit agréable aux yeux de l'étranger, le peuple étoit de la plus grande indifférence, et dans une espèce d'insouciance sur ses intérêts politiques; on voyoit qu'il n'étoit pas républicain; à celui-ci appartient un caractère de force et d'énergie, que n'a point le sujet d'un monarque, que celui-ci soit poli, sybarite, faux, sans mœurs fortes, il n'a d'autres consolations, que les jouissances trompeuses du luxe, ses vertus et ses vices tiennent à la forme du gouvernement.

Ce n'est que le républicain qui déploie cette fierté, ce geste tranchant, cet œil animé, ce caractère mâle et énergique que l'on remarque dans les ames, qu'élève un vrai patriotisme. On ne reprochera plus sans doute au Parisien ce caractère d'inconséquence qu'a ordinairement un peuple, dont les mœurs et les habitudes ne sont pas d'accord avec ses loix ; ce reproche seroit sans doute moins applicable à Paris, qu'à quelques cités de la République ; Paris étant sans contredit, le pays qui s'est montré le plus constamment ferme dans ses principes. Le Parisien oublie promptement les malheurs de la veille, et ne remonte point aux causes de ses souffrances ; il a développé beaucoup de constance et de courage, pendant les évènemens d'une révolution, qui vient de changer la face de son pays, et qui lui procurera des jouissances qu'il n'eût jamais connues sous l'ancien gouvernement.

# PREMIÈRE PARTIE.

La médecine préservative, celle qui s'occupe à détruire les causes des maladies ou à les prévenir, est sans doute la plus utile. L'usage bien entendu de ce qu'on appelle les six choses non-naturelles, remplit la prophilactique générale, c'est-à-dire, l'art de s'opposer à la naissance de toutes les maladies : les auteurs appellent, choses non-naturelles, (peut-être improprement) celles à l'action desquelles personne ne peut se soustraire, et dont l'impression sur tous les hommes, est ce qui contribue le plus à la formation et aux variétés de leur tempérament et de leur santé.

L'air, les alimens, les boissons, l'exercice, les passions, les habillemens influent d'une manière très-immédiate sur les dispositions maladives de tous les individus; celles-ci sont modifiées par la succession et la différence des saisons.

Je vais présenter un tableau général des modifications qui dérivent de ces causes variées et de l'influence qu'elles exercent sur le tempérament, la santé, les affections et les maladies des habitans de cette immense cité.

# DE L'AIR.

L'air est défini par les physiciens, un fluide invisible, inodore, insipide, pesant, élastique, jouissant d'une grande mobilité, susceptible de raréfaction et de condensation : il est parfaitement inodore. Si l'atmosphère présente quelquefois une sorte de fétidité, il faut l'attribuer aux corps étrangers qui y sont répandus comme on peut l'observer, dans les brouillards et les vapeurs de cette ville.

La pesanteur de l'air, est une des plus belles découvertes de la physique ; elle n'a été bien constatée que vers le milieu du siècle dernier. La pesanteur de l'air influe sur un grand nombre de phénomènes physiques et chimiques ; elle comprime tous les corps et s'oppose à leur dilatation ; elle met un obstacle à l'évaporation et à la volatilisation des fluides. C'est par cette cause, que l'eau des mers est retenue dans son état de liquidité ; sans son existence ce liquide se réduiroit en vapeur, comme l'observation le démontre dans le vide produit par la machine pneumatique.

L'air en gravitant sur nos corps, retient les fluides qui y circulent, en comprimant les vaisseaux sanguins et lymphatiques, dont il conserve le diamétre : c'est un fluide qui agit en masse par son poids, par son état hygrométrique, par sa température sur tous les corps naturels.

L'atmosphère, dit Fourcroy, est un réservoir immense un vaste laboratoire, où la nature exerce d'immenses analyses des dissolutions, des précipitations, des combinaisons ; c'est un grand récipient où tous les produits atténués et volatilisés des corps terrestres, sont reçus, mêlés, agités, combinés et séparés. Sous ce point de vue, l'air atmosphérique est un cahos, un mélange indéterminé de vapeurs minérales, de molécules végétales et animales ; de graines, d'œufs, que parcourent et traversent sans cesse le fluide lumineux, le fluide calorique, le fluide électrique.

Malgré ce mélange dont il semble impossible de déterminer la nature, l'air atmosphérique est sensiblement le même par sa nature intime, dans quelque lieu qu'on le prenne ; il est bien caractérisé par ses deux propriétés d'entretenir la combustion et de servir à la respiration. Ces deux grands phénomènes ayant entr'eux la plus intime analogie, on peut bien connoître l'air en examinant ce qui se passe dans la combustion.

Ainsi, l'air atmosphérique est un composé de deux substances différentes, abstraction faite de quelques corps étrangers qui y sont mêlés, et qui ne vont pas à plus d'un centième de ces deux substances ; l'une sert à la combustion et à la respiration, on la nomme air Vital ; l'autre opposée à la première par ces deux propriétés, est appellée Gaz Azote ; ce Gaz est un peu plus léger que l'air atmosphérique, il occupe le haut des salles où l'air est altéré par la respiration et la combustion. Quoique très-nuisible aux animaux, dans son état de fluide élastique, sa base est un des matériaux de leur corps ; on l'en retire en très-grande quantité ; elle est une des parties constituantes de l'Alkali Volatil et de l'acide nitrique. Il paroît qu'elle est absorbée par les végétaux, et peut-être même par les animaux. Toutes ses propriétés, qualités et modifications mutuellement dépendantes, ne peuvent être qu'énoncées ici.

L'air atmosphérique est donc plus ou moins propre à la respiration, suivant qu'il contient plus ou moins de ces différens Gaz. L'air d'une ville très-habitée comme Paris, mal percée dans les anciens quartiers où il n'y a presque aucune grande place pour servir de magasin d'air pur, n'est si mal-sain que parceque ces Gaz y sont trop abondans. On ne sauroit trop multiplier les plantations d'arbres dans les lieux très-peuplés, parceque l'air pur est rendu à l'atmosphère par l'acte même de la végétation des plantes, dont la nature se sert pour entretenir et rétablir la salubrité de l'air, selon les expériences du docteur Ingenhousz. Un air déphlogistiqué est si propre à la respiration, l'air fixe est si utile à l'économie animale, les autres Gaz lui sont si nuisibles que toutes ces causes agissant constamment, doivent influer à la longue, sur la santé.

La ville de Paris étoit jadis circonscrite dans cet espace qu'on appelle encore aujourd'hui la cité. C'est une isle qui a dans toute son étendue à-peu-près cinq cens toises de longueur, elle offre encore de nos jours un aspect désagréable, de maisons petites, écrasées et mal-bâties.

La situation ancienne de Paris étoit avantageuse, sa position riante et agréable sur la rivière, les bois qui existoient à cette époque, en rendoient l'air pur et salutaire; mais les accroissemens multipliés de cette ville, sa vaste circonférence, la multitude prodigieuse de ses habitans, ont dû nuire sans doute, à sa salubrité. Ce sont des inconvéniens presque inséparables des grandes cités, et qui tendent continuellement à altérer l'air qu'on y respire. L'entassement des hommes, leur réunion rendent l'air moins élastique et moins pur. Ces effets sont plus marqués à Paris dans certains quartiers où ils sont sans cesse favorisés par la forme, la disposition, le resserrement des habitations, et entretenus par les exhalaisons putrides et les miasmes morbifiques,

disséminés

disséminés dans l'atmosphère. D'un côté on voit encore des rues étroites et mal percées, où la libre circulation de l'air est interrompue.

Les boucheries, les poissonneries dont la mal-propreté est dégoûtante, infectent le même air, qui déjà a contracté de mauvaises qualités; les égouts puants et mal-propres, les eaux croupissantes et stagnantes dans les ruisseaux corrompent l'atmosphère, qui chargée elle-même de molécules hétérogènes, devient encore plus mal-faisante. Les maisons bâties d'une hauteur démésurée, sont la cause que les habitans du rez de chaussée et de l'entresol, sont réduits à vivre dans une espèce d'obscurité, lors même que le soleil est au plus haut point de son élévation; ces maisons dans lesquelles l'air se trouve stagnant, sont aussi préjudiciables à la santé, que le sont les pays marécageux.

Les heureux habitans des beaux quartiers de Paris, ne sont point exposés à l'effet funeste de ces inconvéniens : ici le flambeau de la physique, a éclairé le génie de l'architecture, et l'opulence a contribué à la salubrité publique; on voit des rues superbes, d'une largeur convenable, des logemens vastes et commodes, et où se déploie l'élégance la plus recherchée et la mieux combinée; les plafonds sont exhaussés, les portes, les croisées ont une ouverture suffisante pour donner à l'air assez de mobilité en le renouvellant; l'élasticité, la circulation de ce fluide y sont favorisées, et les causes d'insalubrité moins fréquentes. Les cours, les jardins qu'on a eu l'attention de multiplier, rendent l'air perméable, et procurent pendant l'été, une fraîcheur agréable et salutaire. Ces magnifiques quartiers offrent une différence frappante avec ceux qui environnent la cité, ou qui forment ce qu'on appelle le marais. Quel contraste entre la place des Piques, ( Vendôme ) et le marché infect de la place Maubert ! Les rues Saint Honoré et de la Loi, ( Richelieu ) peuvent-elles être comparées avec celle de Saint Jacques ? Dans les rues adjacentes à celle-ci, les rayons du soleil n'ont presque aucun accès. Les vents y pénètrent à peine ; le pavé est continuellement boueux, humide et mal-propre ; les maisons obscures n'offrent point ces commodités qui font le charme de la vie, dans les habitations des nouveaux quartiers. Ces inconvéniens inséparables de l'entassement, s'augmentent, se développent dans les rues dont je parle, par une disposition mal-ordonnée, par la petitesse des appartemens et l'ouverture resserrée des portes et des croisées. D'ailleurs la multiplicité des ménages, l'affluence nombreuse des Citoyens de tous les états, l'établissement des marchés, des atteliers de toute espèce, offrent des inconvéniens qui seroient beaucoup moins funestes, si ces différens quartiers étoient coupés par des espaces vides et par des places d'une certaine étendue. Les causes habituelles et particulières de maladie dans quelques classes du peuple, et sur-tout parmi un grand nombre d'ouvriers, seroient sans doute moins fréquentes, si l'air qu'on respire dans les maisons qu'ils habitent, étoit plus souvent renouvellé, et moins imprégné de particules hétérogènes qui le vicient et le rendent mal-sain.

Il est aisé de voir par la position de la ville, et la manière dont elle est construite, que les habitations, situées dans son centre, doivent être moins aérées que celles qui sont plus rapprochées des barrières ; en général les quartiers où l'on respire un air salubre, sont les faubourgs, sur-tout celui de Saint Jacques, le quartier du Luxembourg, celui du jardin National des plantes, les Boulevards et les quais, sur-tout depuis la démolition des maisons qui étoient bâties sur les ponts.

La constitution physique des habitans de Paris, est certainement moins robuste que celle des habitans de la campagne, parce que l'air de Paris n'est ni aussi pur, ni aussi élastique que celui des champs. Le paysan respire l'air dans le temps qu'il est le plus pur; levé et couché avec le soleil, il jouit de tous les avantages que la présence de cet astre sur l'horison, donne à l'atmosphère, avantages démontrés par les observations journalières des effets qu'il produit sur les animaux et les plantes. L'air du matin porte dans celui qui le respire, une force et un bien-être, dont il se ressent toute la journée. Les exhalaisons de la terre, celles de la rosée, qui est le suc des plantes, une espèce de beaume volatil, celles des fleurs qui ne sont jamais si sensibles qu'au lever de l'aurore, sont autant de causes qui donnent à ceux qui jouissent de l'air de la campagne, dans ces différentes circonstances, un principe de vie dont sont absolument privés ceux qui ne forment jamais qu'un air de chambre, que l'attention à le renouveller empêche d'être mal-faisant, mais qui n'a rien de salutaire; il suffit, il est vrai, à la vie, mais non pas à la parfaite santé.

Il n'est pas douteux que c'est à l'air champêtre que les peuples sauvages, et ceux même dont le régime est malsain, doivent leur bonne santé; et l'on sait aujourd'hui, à n'en pas douter, que les moutons, dont aucun soin, aucun régime, aucun remède, ne pouvoient prévenir la mortalité, en sont à l'abri, si on les fait parquer tout l'hiver, en plein air. Les loix générales de l'économie animale, sont les mêmes chez l'homme et chez la brute; et les vices de l'air influent sur la santé de la femme la plus brillante, comme sur celle de la brebis dans son étable, ou du végétal dans les serres : on connoît la prodigieuse différence qu'il y a pour la force et pour la vigueur, entre la plante qui croît en plein air, dans un terrain un peu cultivé, et celle qui croît sous un toit à la faveur d'un poêle ; la même différence existe entre le Parisien et l'homme champêtre ; et la pâleur de celui qui vit dans la cloaque atmosphérique de Paris, rappèle ce blanc sale, qui est la seule couleur que prennent les fleurs qu'on fait croître à l'abri des rayons directs du soleil et de la clarté du jour.

Les étrangers qui viennent à Paris de toutes les parties de la République, attirés par la curiosité et la célébrité de cette grande commune, en y entrant pour la première fois, sont d'abord frappés de la grandeur et de la beauté des faubourgs, de la hauteur des maisons, de la multitude des habitans, du mouvement perpétuel qu'ils voyent dans les rues : ils ne sont pas tous affectés également de l'air de Paris. Les habitans des départemens du Nord s'apperçoivent moins d'un air qui est analogue à celui qu'ils quittent, excepté seulement en ce qu'il est peut-être moins sec, moins élastique et moins agité par les vents. Les citoyens des départemens du Midi y trouvent la différence du froid, de la pesanteur et de l'humidité : indépendamment du régime, qui doit consister à manger moins, à raison de la plénitude qu'occasionne le défaut sensible de transpiration, ils doivent se vêtir davantage, porter des gilets de flanelle, afin de se prémunir contre les vents de nord et de nord-est, qui soufflent souvent très-inopinément.

La respiration, cette fonction vitale, si nécessaire, est un phénomène très-analogue à la combustion, comme cette dernière, elle décompose l'air commun; elle ne peut se faire qu'en raison de l'air vital contenu dans l'atmosphère ; lorsque cet air est détruit, les animaux périssent dans la mofette, qui en est le résidu : c'est une combustion lente, dans laquelle une partie de la chaleur de l'air vital passe dans le sang qui parcourt les poumons, et se répand avec lui dans tous les organes ; c'est ainsi que se répare la chaleur animale, qui est continuellement enlevée par l'atmosphère et les corps environnans. L'entretien de la chaleur du sang est donc un des principaux usages de la respiration, et cette belle théorie explique pourquoi les animaux, qui ne respirent point d'air, ou qui ne le respirent que très-peu, ont le sang froid. Les citoyens Lavoisier et de Laplace, ont découvert un second usage dans la respiration, c'est d'absorber un principe qui s'exhale du sang, qui paroît être de même nature que le charbon. Ce corps, réduit en vapeur, se combine avec l'oxigène de l'air vital, et forme l'acide carbonique qui sort des poumons par l'expiration. La formation de cet acide, qui a lieu dans l'air atmosphérique, en même-temps que la séparation de la mofette éclaire sur les effets funestes d'un trop grand nombre de personnes, renfermées dans des endroits resserrés. Ces inconvéniens sont très-fréquens à Paris ; les citoyens entassés dans des espaces beaucoup trop étroits, soit dans les assemblées de section, soit dans les corps-de-garde, soit dans les cafés, et en général dans les asyles où sont rassemblés beaucoup d'hommes, respirent un air qui très-souvent n'est pas respirable, et qui contracte une disposition mal-faisante par sa stagnation et le défaut de communication avec celui du dehors. Les spectacles sur-tout, offrent tous les jours une altération dangereuse de ce fluide. La plupart des parisiens vont se renfermer après leur dîner, sous les clefs de deux vieilles geolières, dans des espaces si resserrés et cependant si remplis, qu'il y reste à peine assez d'air pour que la respiration n'y soit pas entièrement impossible.

Je vais rapporter le résultat des expériences qui ont été faites sur cet air, par un physicien instruit. Ayant procédé d'abord avec l'air, pris dans la salle qu'on appeloit *Saint Charles*, où l'on met les malades attaqués de fièvres putrides, à l'Hospice National, (Hôtel Dieu) cet air s'est trouvé de deux degrés moins salubre que celui du jardin du Muséum d'histoire naturelle, sur lequel il avoit fait des remarques de comparaison. Sa seconde expérience a été sur l'air, pris dans la salle du Théâtre Comique et Lyrique, rue Favart, un jour de très-grande représentation; il a trouvé que cet air étoit de six degrés plus méphitique que celui de la salle Saint Charles, et qu'il ne lui manquoit que deux degrés de plus pour être absolument mortifère. D'après ces faits doit-on être étonné des effets nuisibles de l'air altéré par la respiration, qui agit particulièrement sur les personnes délicates et sensibles?

Il existe des moyens très-simples, et déjà connus, qui ont souvent été proposés pour opérer la déméphitisation, (1) c'est détablir des ventouses larges et profondes dans les diverses parties de la salle, qui forceroient l'air méphi-

---

(1) Le Conseil de Santé vient de rédiger une instruction sur les moyens d'entretenir la salubrité, et de purifier l'air des salles dans les hôpitaux militaires. Les moyens mécaniques et chimiques qu'il indique, sont fondés sur les principes d'une saine physique et sur l'expérience.

tique de s'élever et de se perdre au-dessus des bâtimens, ou bien le fourneau ventilateur employé dans les mines de charbon de terre depuis plusieurs siècles, qui consiste en un tuyau de réverbère, partagé par une grille où l'on met un brasier allumé, qui, raréfiant l'air en ce point, y détermine un courant assez rapide, augmente son mouvement et le renouvelle. Quand l'atmosphère est dans un calme parfait, le courant d'air seroit trop foible pour favoriser la sortie de celui de l'intérieur. Dans le cendrier seroient établis des tuyaux partant des divers points de la salle, en sorte que le feu aspireroit et renouvelleroit cet air infect et méphitique. On a trouvé, dans ce siècle, l'art de désinfecter les fosses; on sait que cet appareil consiste en un fourneau de réverbère, au cendrier duquel est adapté un tuyau qui se prolonge dans la profondeur de la fosse, et en aspirant l'air méphitique qui y règne, il force l'air de l'atmosphère de le remplacer; la vidange des fosses, puits et puisards, se fait encore par des pompes antiméphitiques et par le procédé du ventilateur. Le danger du méphitisme étoit très-commun autrefois à Paris; il avoit occasionné une foule de ravages : ayant fixé l'attention des naturalistes, le gouvernement s'occupa de ces évènemens fâcheux. Les puits, les latrines, les fosses avoient coûté la vie à nombre d'infortunés. On les fermoit, on les combloit, et les malheureux tombés en asphixie étoient réputés morts; l'enterrement suivoit de près la léthargie. Mais on a appliqué la vertu du feu, de cet agent le plus puissant de tous, qui rend à l'air le ressort et l'activité qui, bien dirigé, a la propriété de ramener tous les corps à leur état de pureté et d'homogénéité; c'est par ces moyens tout à-la-fois si efficaces et si simples, qu'on est parvenu à annihiler le méphitisme (1).

L'air atmosphérique agit sur nos corps, et y produit des dérangemens et des altérations fréquentes par ses qualités plus ou moins viciées, et par ses diverses propriétés. Les maladies dérivent presque toutes du même principe; l'air est froid à Paris pendant plus de six mois de l'année, et plus long-tems froid qu'à la campagne; il est plus conservé, moins renouvellé, et plus défendu contre les vents du midi; cet air renfermé devient pesant, insalubre, et d'une influence funeste par sa stagnation, par les émanations multipliées, la vapeur des marchés, des halles, et par les exhalaisons infectes et fétides des corps animés et inanimés de cette grande ville. Combien ne seroit-il pas à désirer que la position des tueries fût reléguée aux extrémités de la ville, et sur des ruisseaux qui entraîneroient le sang et les débris des animaux qu'on égorge dans les cours, comme si ce foyer de corruption étoit indifférent, ou si le sang, pénétrant dans l'interstice des pavés, ne s'y décomposoit pas aisément par la chaleur, et qu'il n'en pût pas résulter des exhalaisons mal-faisantes : c'est bien assez, et peut-être trop, que les étaux des bouchers soient tolérés

---

(1) Un médecin distingué a démontré les altérations que produisent les vapeurs méphitiques sur les organes du corps humain; il a indiqué la meilleure méthode de secourir les malheureux asphixiés, et vient de faire imprimer l'analyse de ses observations sur les effets des vapeurs méphitiques dans l'homme, sur les noyés, sur les enfans qui paroissent morts en naissant, sur la rage, et sur les divers poisons. Cet ouvrage intéressant se vend au Collége National de France.

dans

dans les rues, il faudroit du moins en éloigner les tueries, les reléguer aux extrémités de la ville et le plus près de la rivière qu'il seroit possible. C'est aux magistrats, amis de l'humanité, et dépositaires de l'autorité des loix, à faire cesser cet abus.

Mais parmi les causes qui concourent le plus au développement des maladies dans Paris, l'humidité peut être regardée comme une des principales; elle est formée par les vapeurs aqueuses, répandues dans l'atmosphère : s'il y a, en effet, une constitution fatale à l'homme, c'est celle qui permet à l'humidité de l'atmosphère de s'appliquer particulièrement à son corps; si l'action du froid vient s'unir à celle de l'humidité, on aura la circonstance de toutes la plus préjudiciable. N'a-t-on pas vu des gens devenir impotens, paralytiques, rhumatisés, pour avoir dormi sur un terrain humide?

Lorsque la constitution humide existe, il est à présumer que les parties aqueuses qui nagent dans l'air, et qui peuvent être absorbées par nos corps, sont chargées de substances hétérogènes, qui malgré le sentiment de ceux qui prétendent que l'humidité bouche les pores de la peau, ne laisse pas de doute sur son absorption, d'après les expériences de J. Linings, Lionels, Charmer, faites dans un pays très-humide, on ne peut pas douter de la pénétration des particules humides. On sent aisément qu'il est de la dernière importance de se mettre à l'abri de l'humidité, puisqu'elle pénètre si facilement dans l'intérieur de nos corps: on ne fait pas assez d'attention, sur-tout au froid et à l'humidité qui se gagnent en marchant dans les rues humides et boueuses de Paris; je crois qu'on doit leur attribuer la foule de catarres, de rhumes qui saisissent une grande partie des habitans; pour les éviter il est de la dernière importance de sacrifier l'élégance des chaussures pour en avoir de constamment chaudes et absolument impénétrables à l'humidité, les changemens subits qui ont lieu dans l'atmosphère, peuvent causer les plus grands désordres dans l'économie animale, sur-tout s'ils s'opèrent avec promptitude : on peut en juger par les effets qui sont produits sur les substances végétales, qui sont bientôt désorganisées quand elles passent subitement du chaud au froid; les pores des végétaux, ceux des animaux de même, sont distendus par la gelée, qui solidifie les fluides intermédiaires; quand on leur présente la chaleur, on sent que pour peu qu'elle agisse avec vivacité, elle doit dilater encore davantage des vaisseaux et des tissus qui le sont déjà trop par le froid; il survient dans Paris des inflammations qui peuvent avoir lieu par le chaud et le froid excessifs. Plusieurs péripneumonies ont eu pour cause le froid et l'humidité, dûs à une pluie très-forte et très-froide, parce qu'on n'a pas entretenu dans ce moment critique une transpiration libre, qui auroit forcé les obstacles d'un engorgement qui a eu lieu par l'absorption interne des particules du froid et de l'humidité, dont la réunion est sans contredit la circonstance la plus dangereuse pour nos corps. L'humidité ne produit cependant pas généralement les effets observés dans les pays marécageux; ceux-ci sont humides aussi, mais tout à-la-fois ils fournissent des vapeurs pernicieuses, causées par la putréfaction dune infinité d'insectes et de végétaux qu'on apperçoit en tous les lieux où se forment les miasmes des marais.

De toutes les causes qui altèrent la constitution de l'air, de tous les mauvais principes qui le vicient, l'atmosphère en est appesantie, les fibres de nos corps perdent de leur souplesse naturelle et de leur ressort primordial; la circulation du sang ralentie, les fluides séjournent et s'épaississent, la transpiration cutanée et pulmonaire, ce grand mobile de la santé, en souffre considérablement; fort contrariée dans cette commune par l'absence du soleil, par les tems humides, nébuleux, couverts, variables, et dérangée par les alternatives de température, elle occasionne fréquemment des fluxions, des fièvres catarrales, des affections rhumatismales, qui se montrent dans tous les mois de l'année, et forment la plus grande partie des maladies; en rappelant la transpiration par les moyens indiqués, et en l'entretenant plus ou moins long-tems, on parvient quelquefois à dissiper les affections qui se terminent souvent par des évacuations bilieuses et critiques.

On remarque assez généralement que la génération n'est point aussi heureuse dans cette commune que dans les autres cités de la République; les grossesses des femmes y sont pénibles; les couches laborieuses; les enfans, nés sous un ciel si peu serein, n'ont pas cette énergie, cette fraîcheur d'organisation qu'on observe si souvent et avec tant de plaisir chez les petits campagnards : le rachitis, le muguet, les scrophules ne sont pas, il est vrai, endémiques à cette grande commune; mais ces maladies y tourmentent les premières années de la vie, et y font périr un grand nombre d'enfans dont la dentition est presque toujours pénible et orageuse.

Les personnes du sexe deviennent nubiles à Paris depuis quatorze jusqu'à seize ans; celles qui appartiennent à une classe de citoyens indigens, le sont un peu plus tard que celles qui vivent dans l'aisance : les unes et les autres sont en général sujettes aux pâles couleurs et aux fleurs blanches ; l'exercice, les pédiluves, les saignées du pied sont les moyens indiqués pour leur procurer leurs règles ; le tems critique de la disparition du flux menstruel, les expose à des maladies fréquentes : c'est l'époque de plusieurs incommodités qui réunissent les effets de la pléthore, des congestions humorales, et des affections nerveuses, qui, par une complication embarrassante d'indications et de contre-indications, exigent beaucoup de sagacité de la part du médecin.

Les mères en manquant à cet instinct impérieux de la nature, qui a imprimé dans leur cœur le besoin d'allaiter leurs enfans, sont exposées à un grand nombre de maladies produites par le lait qui n'a pas son issue ordinaire, et qui est difficilement ou imparfaitement déterminé vers celles qu'on prétend y substituer. Les accidens qui en sont la suite, sont ici fort nombreux, graves, diversifiés et d'un traitement difficile. J'ai vu dans les maladies laiteuses administrer intérieurement le mercure allié aux purgatifs, méthode dont l'expérience a justifié l'usage par le succès qu'on en a retiré.

Les maladies chroniques & aiguës exercent un empire tyrannique dans cette commune, les maladies chroniques les plus ordinaires sont les obstructions, les hydropisies, les phtisies, & même la disposition scorbutique que la cherté des vivres, l'altération de l'air, la mal-propreté, entretiennent et favorisent parmi la classe des citoyens indigens.

Au nombre des maladies aiguës on peut placer la goutte, les apoplexies, toutes les maladies inflammatoires, les petites-véroles de mauvais caractère, la rougeole, les coqueluches des enfans, les péripneumonies, les fièvres de toute espèce & principalement les fièvres malignes qui, à la différence de celles de la campagne, sont presque toutes sans exanthème à Paris, à raison de la fraîcheur & de l'humidité de l'air.

Les fluxions de poitrine les plus nombreuses & les plus importantes des maladies graves, sont ici de trois sortes; les unes inflammatoires modérées, les autres pareillement inflammatoires & très-fortes, les dernières humorales ou vulgairement dites putrides; les premières exigent les remèdes antiphlogistiques plus ou moins rapprochés suivant la force du sujet, & les béchiques adoucissans; les secondes plus aiguës demandent encore plus de hardiesse dans les saignées, & bientôt après, des incisifs très-forts pour dissiper l'engorgement. L'expectoration n'est pas la seule crise favorable, les selles et les sueurs s'y unissent assez constamment aux jours critiques. Les fluxions de poitrine humorales sont unies à un vice des humeurs qui suscite en même-tems une fièvre aiguë, et c'est dans celles-là que les doux évacuans et les vésicatoires aux jambes, tant recommandés par *Huxham*, deviennent utiles.

Les fièvres malignes présentent deux caractères bien distincts, dans les unes il y a une marche vive, prompte, irrégulière, et un passage subit de l'érétisme à l'affoiblissement le plus grand. Les antiputrides acides unis à quelques doux évacuans, les vésicatoires, l'eau émétisée, le camphre et même le quinquina (1) sont employés avec succès. Mais on ne réussit pas toujours à ranimer les forces

(1) Les médecins de Montpellier employent presque toujours le quinquina pour la guérison des fièvres malignes; mais à Paris, où il est très-ordinaire de rencontrer dans ces

de la nature défaillante ou opprimée. Dans les autres la fièvre est plus modérée, le premier période paroît inflammatoire, la fièvre et les forces se soutiennent, le visage devient plombé, les yeux hébétés, il s'établit des mouvemens convulsifs dans les tendons, malgré les premiers évacuans et l'attention à tenir le ventre libre.

Les affections rhumatismales, les dissolutions, les phtisies, les hydropisies de poitrine, sont très-nombreuses, ce qu'on doit attribuer à la constitution atmosphérique qui semble imprimer à toutes les maladies un caractère identique et particulier. Dans les rhumatismes aigus, les saignées, les délayans, les vomitifs, amènent la souplesse et la détente nécessaires; on voit des rhumatismes chroniques anciens, où le vésicatoire local, secondé d'un vomitif, et suivi de sudorifiques, manque rarement son effet.

Les fièvres bilieuses qui dominent, sont tantôt simples, tantôt compliquées avec des affections catarrales, quelquefois elles ne sont point fâcheuses, la moiteur ou la sueur amènent souvent et assez promptement des évacuations bilieuses qui terminent les maladies.

Les fièvres intermittentes sont nombreuses, et tiennent beaucoup du caractère humoral; elles sont opiniâtres chez quelques sujets et changent de caractère, tantôt de tierce en quarte, en double tierce. Les premiers accès sont

---

maladies des empâtemens glaireux, des engorgemens plus ou moins décidés dans les organes du bas-ventre, l'emploi de ce tonique amer et astringent devient funeste. L'eau émétisée est infiniment préférable, et son usage a toujours été suivi du succès le plus constant, tandis que la méthode opposée est devenue nuisible et mortelle à plusieurs individus.

souvent forts et orageux ; chez plusieurs une espèce de délire se manifeste, et l'état de crudité persiste long-tems ; quelques-unes ne cèdent qu'au quinquina donné sur la fin, et d'autres cessent sans son secours ; les délayans, les incisifs, les évacuans suffisent le plus souvent, la plupart sont entretenus par des engorgemens au foie ; les apéritifs unis aux antiscorbutiques, paroissent les moyens curatifs les mieux indiqués, par le soulagement qu'ils procurent. On voit beaucoup aussi de fièvres rémittentes soit catarrales, soit putrides ; les affections catarrales prennent souvent un caractère inflammatoire ; les affections rhumatismales et goutteuses sont communes ainsi que les diarrhées séreuses et les dissenteries blanches.

La colique des peintres ou de plomb, n'est point une maladie rare parmi plusieurs ouvriers de Paris. Deux méthodes ont été indiquées : l'huile d'amandes douces, les lavemens adoucissans, les fomentations et les boissons relâchantes ont long-tems prévalu. Mais quand les accidens sont portés à leur comble, un traitement purement relâchant ne paroit-il pas sans inconvéniens ? Car si les huileux présentent quelques avantages, ils ne peuvent que glisser sur des matières très-tenaces. Souvent les malades rejettent aussitôt l'huile qu'ils ont prise, s'ils la gardent quelque tems ce n'est que pour n'en avoir que plus de nausées, elle est rejettée sous la forme de matières bilieuses. Il arrive aussi quelquefois qu'elle s'échauffe dans le corps, se durcit, se grumele et entretient la constipation loin de la détruire. Les narcotiques seuls paroissent ne pas remplir toutes les indications, ils s'opposent aux secrétions déjà supprimées des reins, des intestins, outre que ces remèdes épaississent les liqueurs, par conséquent la mucosité intestinale. Cependant le vice des premières voies, est plus ou moins évident dans la plupart de ces malades, ils ont un pressant besoin d'être evacués; l'émétique est donc le remède approprié, il paroît remplir les indications de la plénitude des premières voies, il dispose le ventre à s'ouvrir; seul ou mêlé avec les purgatifs, il rend leur opération plus hàtive ou plus certaine, et ces deux remèdes se prêtent mutuellement secours. Je ne présenterai point ici l'énumération de toutes les espèces de maladie qu'on observe à Paris; elles renferment les trois genres fondamentaux des maladies régnantes, l'inflammatoire, le putride et le catarral; toutes les maladies des tems, des saisons et des années, peuvent se ranger sous cette division.

## DES SAISONS.

Les Saisons de l'année, comme celles de la vie, modifient d'une façon particulière les maladies; non-seulement leur succession donne lieu à des affections de différente nature, mais encore il y a dans leur cours et leur caractère, des variétes et une disposition différente suivant la constitution de la saison; selon Hypocrate, (1) les variations de l'atmosphère, les changemens des saisons, sont moins fàcheux dans une commune dont l'exposition est avantageuse, et qui reçoit les impressions salutaires des rayons du soleil et des vents. Paris n'a dans ses environs ni terrains, ni lacs, ni étangs marécageux, ni aucun autre foyer, qui puissent lui apporter des exhalaisons mal-faisantes; et quoique cette commune soit située dans un bas-fond, il est fort rare

(1) De aëre, locis et aquis. Sectione 3 ad initium.

d'y

d'y voir de ses fléaux terribles, produit d'une cause générale qui dévastent d'une manière uniforme des contrées entières. Le climat ne reconnoit aucune maladie qui lui soit endémique, à moins qu'on ne donne ce nom aux fièvres printanières et catarrales qui y sont en grand nombre, mais ici comme ailleurs, toutes les maladies aiguës sont relatives par la qualité et par le nombre, aux constitutions de l'athmophère, qui les précédent et qui les accompagnent. La petite vérole confluente et maligne ne devient dangereuse que dans les rues étroites, et dans les maisons malpropres et humides.

Les vicissitudes du froid et du chaud, très-fréquentes et très rapides, l'extrême inégalité des degrés de chaleur, la température de l'air suivent très-peu l'ordre des saisons; ce dérangement influe singulièrement sur le genre et la nature des maladies; c'est ainsi, par exemple, que vers le milieu de l'hiver, on observe les maladies qui se montrent ordinairement dans le printems, et ces différences se font sentir dans toutes les saisons de l'année, pendant laquelle on pourroit compter vingt constitutions diverses qui se succèdent rapidement. L'inégalité dans les degrés de chaleur et de froid, agit plus particulièrement sur la peau et sur les poumons, plus disposés à se ressentir des ces impressions. On peut les estimer généralement par les variations du thermomètre, (1) par le passage rapide d'une température à l'autre, qui affecte plus ou moins toutes les poitrines; l'hu-

(1) La température ne répond pas toujours à celle que nous montrent les thermomètres. Tout le monde sait par expérience combien est nuisible et déplaisant le froid, joint au brouillard et à l'humidité; qu'il est plus ou moins

midité cause des catarres, en ralentissant la chaleur et l'action du poumon ; le resserrement subit qu'éprouve ce viscère, en fait éclore chez tous ceux qui y ont quelque disposition ; chez quelques-uns, l'engorgement est visqueux et pituiteux ; chez les autres, il s'y joint une irritation assez forte ; chez presque tous, les premières voies sont très-mal disposées, aussi les incisifs et les doux évacuans sont ils employés avec succès.

L'hiver prend une bonne partie de l'automne et du printems, il est au moins de cinq ou six mois. Les brouillards qui paroissent pendant cette saison, ont différens degrés de densité et de consistence ; ils sont rarement de leur nature, infects et puants : il arrive néanmois quelquefois

---

agréable sous un ciel serein. Le froid est aussi bien plus sensible, si l'air est plus vif ou dilaté. Il est démontré que l'eau bout plus lentement au sommet des montagnes, et que quand elle y bout elle est moins chaude que dans la plaine. D'ailleurs, tel degré de chaleur qui, dans un air humide est épais et insupportable, se tolere aisément dans une atmosphère légère et sèche. A Paris, dans un tems d'orage, le thermomètre monte à vingt-six ou vingt-huit degrés ; la chaleur est étouffante pendant quelque tems, tandis que dans un air sec et renouvellé ; on soutient aisément celle de vingt-huit à vingt-trois degrés pendant des semaines et des mois. Ajoutons que le tissu de la peau, et diverses circonstances, contribuent à ces inégalités qui se remarquent entre les mesures de nos sensations intérieures, la chaleur pouvant être très-grande au-dedans, tandis que l'on a froid au-dehors. L'on peut s'en assurer en appliquant le thermomètre à diverses parties de notre corps, sain ou malade. La matière du feu peut en sortir en tel tems déterminé, alors que nous sentons du froid ou une diminution de chaleur. Ce ne sera que par un grand nombre d'observations que l'on pourra réduire à des principes certains ces inégalités des thermomètres, et en faire l'application à la pratique de la médecine.

que leur opacité devient très-désagréable dans les rues; les brouillards qui s'élèvent à la fin du mois brumaire et pendant celui de frimaire, annoncent de belles journées; ils disparoissent ordinairement vers onze heures du matin. Il est aisé de voir qu'un brouillard plus ou moins sensible, enveloppe Paris dans tous les tems, mais pendant cette saison il est éminemment humide, et donne une consistence visible à l'air.

Il arrive rarement, que deux hivers soient consécutivement rudes à Paris; cette saison fait quelquefois époque (1) par sa rigueur, sa durée, et la quantité de neige qui tombe; on voit souvent cette saison s'écouler sans huit jours de sérénité. On observe toutes les maladies, dépendantes de la diminution des transpirations, d'une nourriture trop abondante, du défaut d'exercice; la pléthore sanguine, l'épaississement dans les liqueurs, les congestions séreuses en sont la suite la plus ordinaire. Les fluxions, les fièvres catarrales, les indigestions, les attaques arrivent fréquemment; les divers épanchement de sérosité, les dépôts, les douleurs rhumatiques, en un mot, toutes les affections, dépendantes de la pléthore séreuse, ont lieu principalement dans cette saison, et prennent un caractère analogue à la constitution individuelle des habitans. Quand les vents du nord et d'est soufflent seuls ou ensemble, la constitution

---

(1) L'hiver de 1788 à 1789, est un des plus mémorables de ce siècle, tant par l'intensité du froid que par sa durée; les hivers qui l'ont suivi n'ont pas été moins remarquables par la température douce qui les a caracthérisés. Il semble que la somme des degrés du froid qui devoit se repartir sur ces différens hivers, a été épuisée dans l'espace de deux mois qu'a duré l'hiver de 1788.

catarrale devient inflammatoire, ce qui fait qu'on est obligé dans ce dernier cas, d'insister sur les saignées. Cette première constitution soit simple, soit combinée, est suivie souvent dans cette saison, de la constitution putride, bilieuse, dont les caractères sont plus marqués dans certaines années que dans d'autres ; ce qui dépend sans doute de l'intensité ou de la continuation du froid et des gelées, pendant lesquelles on a remarqué qu'il y avoit ordinairement peu de maladies : cette observation est analogue à celle qu'on peut faire en tout pays dans le tems des gelées, les maladies sont alors suspendues ; elles reparoissent aux dégels, et sont communément funestes aux personnes âgées ; elles périssent alors par la gangrène.

Le printems a une température très-inégale, mêlée de chaud et de froid, de pluie et de beau tems ; cette saison est quelquefois absolument froide ; c'est une espèce d'hiver prolongé : les fruits, frappés souvent par un vent destructeur, tombent lorsqu'ils sont en fleurs. On n'entend point le rossignol au premier jour de floréal ; on se chauffe, tandis qu'une atmosphère humide et souvent froide nous interdit la campagne. On a vu, pendant ce mois, la liqueur du thermomètre s'élever jusqu'à dix-huit degrés, et descendre quelquefois à trois ou quatre degrés. Cette saison est celle de l'année qui présente le plus d'intempéries marquées, et de grandes inégalités ; cette vicissitude extrême, principe de grands changemens dans le corps, exige beaucoup d'attention de la part des gens de l'art, par la variété des phénomènes, qui se présentent dans les maladies. Celles qu'on observe le plus communément dans le printems, dépendent d'une transpiration interrompue, qui, répercutée sur les organes de la poitrine, occasionne des pleurésies, des péripneumonies, des toux, des catarres, des fluxions, qui, par leur nombre et leur importance, méritent l'attention des médecins. La crise se fait souvent par l'expectoration et les sueurs, presque toujours aux jours critiques; les crachats sanguinolens, à l'invasion de la maladie, sont quelquefois de bon augure : les autres signes, qui se manifestent, ne sont funestes que lorsqu'ils sont joints à un ou deux symptômes suivans : oppression menaçante, délire persévérant, foiblesse extrême, épanchement bilieux, diarrhée séreuse et fréquente : les incisifs les plus forts, les vésicatoires aux bras, les doux laxatifs tarissent quelquefois le foyer purulent, en détournant une portion de l'humeur, et les purgatifs achèvent la cure. La saison du printems, est le tems le plus facheux pour la santé; la mortalité est ordinairement plus considérable que dans les autres saisons de l'année.

On a observé que les maladies du courant de mai de l'année dernière, avoient été en très-grand nombre, et qu'elles avoient pris un caractère aigu et inflammatoire, tant à cause de la sécheresse de la saison, et du vent qui a souflé constamment du nord ou des environs, que peut-être à cause des circonstances qui ont pu allumer et échauffer le sang des malades.

La température froide des printems et des étés, pendant les quatre années qui viennent de s'écouler, est très-remarquable, et a contribué à la disette de vin et de végétaux que nous avons éprouvée; elle n'a pas heureusement influé sur la récolte des blés : celle-ci a été abondante, et si nous avons eu une espèce de pénurie, ce n'est pas la denrée qui manquoit; cette disette factice n'étoit point un mal physique, mais un mal moral qui se combine malheureusement avec les évènemens de notre révolution.

L'été n'est point en général très-chaud à Paris. On voit régner, pendant cette saison, des affections bilieuses, des fièvres intermittentes, des diarrhées, des dissenteries. Leur caractère est analogue à la constitution seche ou humide de la saison, et à la qualité âcre ou glaireuse des fruits. La bile, qui domine dans presque toutes les maladies, fait naître des coliques et des dissenteries; elles cèdent assez ordinairement aux adoucissans et aux doux évacuans: la plupart des fièvres continues ont, pour symptôme permanent, une diarrhée, que les amers et les purgatifs de rhubarbe font disparoître : dans les unes, ce symptôme précède l'invasion de la fièvre ; il est ordinairement très-vif; dans les autres, il ne se développe qu'au bout de deux ou trois jours; et dans quelques-unes, il se supprime tout-à-fait.

Depuis long-tems on n'avoit éprouvé à Paris une chaleur aussi forte que celle qui a eu lieu depuis le 7 jusqu'au 19 thermidor (juillet) de l'année précédente : l'atmosphère étoit brûlante et insupportable; la sécheresse des mois précédens a continué; nous n'avons eu que quelques pluies d'orage, dont la terre avoit grand besoin (1); cette température a été favorable à la fleur des blés et à celle de la vigne; les pluies d'orage qui ont suivi les

---

(1) Le citoyen Cotte a publié un mémoire sur la chaleur excessive du mois thermidor, dans le journal de Physique, dont voici l'extrait : l'air a commencé à s'échauffer le 4 de ce mois; la chaleur a toujours été en augmentant : dès le 8, elle étoit excessive; au lever du soleil, qui est le moment le plus froid de la journée,

chaleurs, ont fait grossirs le verjus. On a observé pendant le cours de ce mois, quelques péripneumonies vives et très-inflammatoires, compliquées d'un amas de bile : le sang des malades étoit coënneux, leurs urines ardentes et

---

le thermomètre étoit à seize, dix-sept et dix-huit degrés. Nous avons eu, le 9 un orage assez fort, sans grele, mais qui n'a pas rafraîchi l'atmosphère; dès le lendemain la chaleur devint presque aussi insupportable : celle de la nuit différoit peu de celle du jour; les objets exposés au soleil, étoient si chauds qu'on ne pouvoit les toucher sans risquer de se brûler. Des hommes et des animaux, excédés par la chaleur, ont péri. Les légumes dans les jardins et dans les champs, ont été grillés ou dévorés par les chenilles que cette chaleur a fait éclore. Les fruits ont reçu des coups de soleil qui les ont desséché. Les blés et la vigne paroissent n'avoir pas souffert de cette chaleur; cependant on croit, dans quelques endroits, qu'elle a occasionné un peu de coulure dans la vigne. Les meubles et les boiseries craquoient; les portes et les fenêtres se déjetoient; en un mot, nous avons éprouvé tous les symptômes de la chaleur que l'on ressent en Amérique; et nos corps, qui n'y sont pas accoutumés, continuellement dans un bain de sueur, souffroient beaucoup. La viande, fraîchement tuée, se corrompoit très-promptement. Les animaux domestiques, les volailles, paroissoient aussi fort incommodés d'une température aussi extraordinaire. Les vents dominans, pendant tout ce tems, ont été le nord-est, et l'est. Le ciel a presque toujours été serein, et le baromètre s'est soutenu un peu au-dessus de sa hauteur moyenne, sans éprouver de grandes variations, si ce n'est le 17, avant l'orage. Cette température singulière s'est terminée par un orage violent, qui s'est préparé pendant toute la journée du 17, et qui a éclaté le soir par une pluie abondante, une grêle désastreuse dans quelques cantons, et un tonnerre violent. Le ciel étoit en feu, et sillonné par des serpenteaux électriques qu'on ne pouvoit se lasser d'admirer, quoiqu'ils inspirassent un sentiment

enflammées, en même-tems que leur langue étoit chargée d'un limon jaunâtre; les boissons émétisées, l'eau de tamarins, et les autres remèdes appropriés, ont calmé ces maladies. J'ai vu à l'Hospice de l'Unité, (la Charité) des personnes atteintes de maladies fort graves, qui ont guéri plus heureusement que je n'avois d'abord espéré.

Les automnes sont ordinairement belles à Paris; la température est douce et tempérée; pendant le mois vendemiaire la liqueur monte rarement au-dessus de vingt degrés; elle descend souvent au-dessous de douze. En brumaire, sa plus grande hauteur est à dix-huit degrés, et l'abaissement le plus ordinaire est de huit à dix. En frimaire, la liqueur se rapproche de 0, et il n'est pas rare de voir geler à la fin de ce mois. Pendant cette saison, les vents, le chaud, le froid se succèdent avec une rapidité si grande, que dans la même journée on éprouve ces variétés. Les

---

de terreur. Le genre nerveux de certaines personnes a été singulièrement affecté de l'abondance de matière électrique qui entroit en quelque sorte par tous les pores. La force de l'orage s'est manifestée à Montagne du bon air, ) Saint Germain ) à Colombe, à Franciade, (Saint Denis) en un mot, il a suivi le cours de la seine. L'orage du 17 a tellement raffraîchi l'air, que le 20, à cinq heures du matin, le thermomètre est descendu à 2, 3 degrés; et le 22, à la même heure, à 8, 4 degrés, c'est-à-dire qu'en moins de trois jours nos corps ont eu à supporter une différence de 18, 0, degrés de chaleur. Le vingt-cinq, et les jours suivans, la chaleur s'est encore fait sentir; mais pas aussi vivement : elle n'a pas duré; car le 30, à cinq heures du matin, le thermomètre n'étoit qu'à 7, 2 degrés, et la rosée étoit très-forte. Ce contraste de température n'a presque pas influé sur la santé : nous n'avons eu que les maladies ordinaires.

maladies

maladies les plus ordinaires de cette saison, sont l'espèce de fièvres qu'on nomme automnales; l'intemperie froide et humide de l'air, cause quelquefois des fluxions rhumatismales, et des fièvres catarrales, qui ne sont cependant pas très-répandues. Quelques personnes, peu attentives à se garantir de cette intempérie, essuient la plevroperipneumonie. Les maladies aiguës ne sont pas aussi communes que dans le printems, et les autres saisons de l'année. L'équinoxe d'automne, annoncé par l'inconstance et les variations du ciel, dès le mois de septembre, se fait sentir d'une manière précoce; les fièvres intermittentes commencent à renaître dans le mois de septembre : leur nombre augmente, et bientôt elles se multiplient au point d'être les maladies dominantes; les unes sont compliquées de catarres et de coliques, et exigent les adoucissans et les évacuans; les autres demandent une ou deux saignées à leur début, et ne résistent pas long-tems aux amers et aux purgatifs, mêlés avec le quinquina. Les pluies qui précèdent l'équinoxe, sont suivies d'un tems nébuleux et très-variable, pendant lequel le caractère des maladies change insensiblement. On a observé que l'équinoxe d'automne étoit accompagné d'accidens moindres que celui du printems. Cette remarque est contraire aux anciennes observations, qui paroissent néanmoins certaines, à l'égard des habitans de la campagne. Les grandes communes sont plus saines dans la saison d'automne; la différence en faveur des communes, (choses égales d'ailleurs) dépend, ce semble, de ce que les émanations terrestres qui altèrent l'air, sont bien plus abondantes aux champs que dans les communes.

La pesanteur plus ou moins inégale de l'atmosphère, exprimée par le baromètre, semble faire naître l'idée d'une puissance qui agit spécialement sur la substance médullaire et les nerfs. Je me fonde sur le phénomène reconnu de l'égalité de caractère et des coutumes constatés dans les pays qui approchent de l'équateur et ou le baromètre varie à peine : aussi ne voit-on guère dans ces contrées, ces longs et cruels maux de tête si communs à Paris, cette pesanteur fréquente sous un ciel aussi nébuleux, cette humeur diverse, ce caractère si variable qu'on trouve fréquemment chez les habitans de cette commune ; il semble que l'inégalité de leur esprit, participe à celle de l'air qu'ils respirent. C'est cettte inclémence du climat, qui, jointe à plusieurs autres causes procure aux Parisiens cette mélancolie, laquelle, est sans doute, la disposition la plus favorable pour contracter les maladies.

Les vents sont un de ces grands agens de la nature, dont les impressions sont nécessaires à tous les corps organisés ; l'air immobile est aux animaux et aux plantes, ce que l'eau bourbeuse des marais est aux poissons faits pour vivre dans les rivières. Il n'est guères possible d'établir des régles générales sur cet article : ils sont très inconstans à Paris ; ils varient quelquefois cinq ou six fois en certains jours : celui qui souffle de l'est, est ordinairement sec, lorsqu'il vient du sud ou sud-ouest, il est doux et humide, l'ouest est ordinairement pluvieux, le nord-est modérément sec ; ceux qui régnent le plus communément dans le printems, sont le sud-ouest, l'ouest et le nord-ouest, ceux qui dominent pendant l'été et l'automne, sont le sud et le sud-ouest : quand il arrive de grandes chaleurs, elles sont produites par les vents du sud-est et de l'est. On juge aisément que ces derniers vents sont rares à Paris. Les vents les plus constans pendant l'hiver, sont le nord-ouest et le nord-est ; lorsqu'il souffle de l'est, les gelées sont très froides. A Paris le vent du nord, du nord-est, apporte la sécheresse, la sérénité, et répand dans les corps, la force et l'agilité ; lorsqu'il domine l'air est sec et élastique. Le vent du Midi et du couchant, est presque toujours accompagné d'humidité ou de nuages ; il précéde et détermine les orages ; et quoiqu'il soit réellement moins grave et moins élastique, il semble imprimer au corps un caractère de lourdeur et d'appesantissement : le règne de ce vent a les mêmes marques, que celles qui annoncent la perte du ressort et le règne de l'humidité. Le tonnerre, les éclairs, la grèle, les pluies rafraîchissent l'atmosphère pendant l'équinoxe du printems et le solstice d'été ; la pluie est très-fréquente (1) en général à Paris, mais elle est plus considérable dans l'hiver que dans les autres saisons de l'année. Les météores ignés ne sont point fréquens : on entend quelques tonnerres dans l'été et quelquefois au commencement de l'automne ; il est rare de voir des effets funestes par ces explosions électriques. On observe moins souvent des météores lumineux que dans les Départemens Méridionaux : on remarque en automne quelques aurores-boréales ; ce phénomène qui, jusqu'à ce moment, s'observoit annuellement huit à dix fois, a paru à peine, ce même nombre de fois depuis quatre ans, et jamais avec des circonstances qui le rendent quelquefois un des plus beaux météores, et un des

(1) Maraldi, dans les Mémoires de l'académie des Sciences, année 1743, a évalué à seize pouces, et huit lignes, la quantité moyenne de pluie qui est tombée à Paris chaque année, dans l'espace de cinquante ou cinquante-cinq ans.

plus effrayans pour les ignorans qui y voient des armées célestes, des combats et tout ce que leur imagination effrayée croit y remarquer.

## DES ALIMENS.

Les Alimens sont presque aussi nécessaires à la vie que l'air que nous respirons; ils contribuent aussi essentiellement à la santé : l'un nous anime, nous vivifie ; et l'autre nous soutient ; tous deux de concert entretienent le principe vital qui constitue notre existence (1). Si c'est un des points les plus utiles à la conservation des hommes, c'est aussi un de ceux auxquels les médecins se sont le plus scrupuleusement attachés, et dans lesquels ils paroissent avoir poussé plus loin leurs recherches. Il y a deux classes d'alimens ; les végétaux et les animaux ; les climats font beaucoup varier le goût et la qualité de la partie nutritive des plantes ; dans les pays absolument froids, elles sont terreuses et presque insipides ; elles sont plus atténuées, et d'un meilleur goût, dans les contrées froides, mais humides ; les régions chaudes et humides sont fertiles en productions plus atténuées et qui approchent plus que tout autre de la vertu savoneuse. Dans les climats chauds et secs, les végétaux y sont extrêmement chargés de parties aromatiques ; l'huile

(1) Je ne dois point parler ici du développement, de la formation, des progrès et de la décomposition de la matière nutritive ; l'état des alimens dans le corps animal, le changement qu'y reçoit cette même matière nutritive, constitue, ce qu'on appelle la nutrition, qui produit la formation du chile, du lait, du sang, de la lymphe, et des humeurs secondaires.

en est plus exaltée, et ils fournissent des alimens plus compactes et plus pesans ; les fruits naissent pour notre nourriture ; quand ils sont mûrs, leur mucilage est délicieux et salutaire ; quand au contraire ils ne sont pas en maturité, il est terreux et contraire à la santé. Si le mucilage des végétaux concourt à notre nourriture, celui des animaux y contribue essentiellement ; la nature, dit Lorry, paroît avoir formé l'animal, comme un terme moyen entre nous et les végétaux, et comme un estomac vivant qui nous broye continuellement des alimens et nous les prépare, le changement de matière nutritive dans les animaux, est proportionné à leur âge, leur sexe et leur force. Plus les animaux sont près de leur naissance, moins ils sont aisés à digérer, c'est pourquoi le veau, l'agneau, le cochon de lait, causent souvent des indigestions, tandis que le bœuf et le mouton se digérent aisément.

La consommation de Paris a toujours été prodigieuse, quatre-vingt mille bœufs, vingt mille vaches, cinq-cents mille moutons ont à peine pû suffire chaque année à alimenter le nombre de ses habitans. Cette commune est pourvue de tout ce qui est nécessaire à la vie et agréable au goût. Les campagnes en fournissant leurs productions, semblent s'épuiser pour fournir à cette grande commune tout ce qui est nécessaire à son existence. Toutes les denrées et comestibles des Départemens de la République, abondent ordinairement à Paris : la longueur des voyages ne dérobe rien à l'approvisionnement de cette cité ; par-tout on semble veiller à ses besoins et à ses plaisirs : son existence est néanmoins presque absolument précaire. Plusieurs causes isolées pourroient y faire entrer la famine. On sait que le sol de Paris produit très-peu de froment ; les campagnes quoique bien cultivées ne peuvent suffire, à cause de la grande population, à toutes les nécessités de la vie : cette commune est environnée de Départemens fertiles, et dont la fécondité en grains et en légumes doit rassurer ses habitans; le vrai patriotisme qui les anime a dissipé presque entièrement les alarmes qu'on avoit conçues sur les subsistances. Si le gouvernement n'a pu parvenir encore à nous procurer les douceurs de l'abondance, du moins nous a-t-il sauvé des horreurs de la disette. C'est à sa sagesse et sa vigilance prévoyante, d'après les diverses connoissances, qu'il est seul en état de rassembler, de discerner ou de présager avec sureté, ce que peuvent exiger les besoins généraux de la République et de ceux de Paris, la perspective des récoltes, les prohibitions des pays étrangers, la guerre intestine et extérieure et les divers mouvemens politiques.

Le pain, un des alimens les plus anciens, les plus universels, qui fait la base de presque tout les repas, est ordinairement bon à Paris, où l'on possède l'art de le bien faire. Si à l'époque actuelle, et dans ce moment de crise, le pain n'a pas toujours été excellent, c'est à la mauvaise qualité des farines qu'on doit l'attribuer. Le gouvernement est venu au secours des boulangers; il les indemise, et leur paye l'excédent du prix des farines, afin de maintenir le pain à un taux où le pauvre puisse atteindre sans murmurer; la population de Paris a commandé ce régime particulier.

Les savans ont souvent fait des recherches et des analyses sur les substances qui alimentent les hommes, et vouloient suppléer, par leur secours, à la pénurie du froment.

Un ami de l'humanité, l'illustre Parmentier, s'est occupé, avec soin, de la substance farineuse; il a démontré que la partie amilacée du froment étoit la seule nutritive; ses recherches ont engagé le gouvernement à faire distribuer du meilleur pain à nos soldats. Il a fait des expériences sur la panification du maïs; des pommes de terre qu'il a cultivées sous tous les rapports, en appelant dans son champ celles d'Amérique, pour les joindre à celles d'Europe Son zèle et sa persévérance sont dignes des plus grands éloges : on les dédaignoit tellement autrefois, qu'on n'en trouva point à Paris en 1767, pour en planter un champ. L'ignorance et l'erreur faisoient dédaigner une nourriture saine et peu coûteuse; la culture, facile et assurée, d'un végétal ignoré ou dédaigné, devient une seconde création. Le citoyen Broussonet a couvert nos champs de turneps, ou gros navets, qui nourrissent les hommes et les bestiaux. Le citoyen Pomerel nous a appris à multiplier les betteraves Le biscuit de pommes de terre l'emporte sur celui de froment, mais il faut convenir que le pain de froment a beaucoup d'avantage sur la pomme de terre; il est plus farineux, plus aqueux, et contient sur-tout un principe sucré et nutritif, qui le rend plus propre à être converti en pain, et à s'assimiler à notre substance.

La nourriture, le régime, les logemens, offrent chez les diverses classes des citoyens de Paris, une extrême variété. Cette disproportion étoit frappante avant la révolution. A côté de la plus grande opulence gissoit l'extrême pauvreté; l'un se mouroit d'inanition, tandis que l'autre, livré à tous les excès de la bonne-chère, s'engraissoit de la substance du peuple, et n'en étoit pas plus heureux, exposé aux incommodités et aux maladies qu'elle entraîne presque toujours avec elle.

il étoit puni, pour ainsi dire, de son opulence et de ses repas somptueux, par les maladies nombreuses qui l'affligeoient continuellement.

Les substances qui, par leur nature, devroient contribuer à la santé des habitans de Paris, leur deviennent nuisibles par leur surabondance : les alimens succulens sont trop recherchés dans cette commune ; delà les évacuations naturelles et périodiques s'y trouvent gênées, resserrées, et ne s'exercent pas assez librement, sur-tout chez les femmes dont la vie et la santé sont plus dépendantes de toutes ces causes secondes, et non-naturelles. La transpiration est trop souvent interceptée ; cette évacuation, la plus considérable, puisqu'elle égale plus de la moitié de notre nourriture (1) ; le corps, surchargé des matières âcres dont il devoit se débarasser, se trouve accablé sous cet amas d'humeurs retenues. Cette âcreté vient-elle à se déposer sur la peau, elle en produit les maladies ; répercutée sur quelque organe intérieur, elle y produit des maladies bien plus essentielles et bien plus graves.

On convient généralement, que pour conserver sa santé il est nécessaire d'observer un bon régime, éviter les excès, choisir les alimens, souper modérément, faire de l'exercice, prendre le sommeil nécessaire, éviter les veilles et bannir les grandes passions. Si ces moyens diététiques sont nécessaires par-tout, c'est à Paris plus particulièrement qu'ils doivent être observés. A la campagne, l'air est vif, sec, élastique, circulant, perméable ; les digestions, les

(1) Il est démontré, que sur huit livres d'alimens que nous prenons, nous en perdons au moins cinq, par la voie de la transpiration.

sécrétions

sécrétions, s'y font aisément et régulièrement; mais à Paris, au contraire, où l'air est épais, humide, comme nous l'avons déjà observé; ayant peu de ressort, il en communique peu aux fibres; les levains de l'estomac n'y ont pas beaucop d'action, et ne concourent pas énergiquement à la digestion : si l'on veut conserver sa santé à Paris, on doit suppléer, par la sobriété et la tempérance, à l'inélasticité de l'air, et au peu d'énergie des organes digestifs. La succulence des alimens doit en exclure la quantité; on peut, en général, attribuer le tempérament sanguin des Parisiens, à leur mauvais régime et au défaut de transpiration. Si l'on doit être réservé sur la quantité de nourriture, c'est sur-tout aux repas du soir; le défaut d'exercice, souvent impraticable, après le dîner, l'absence du soleil, la gêne du système vasculaire, les digestions laborieuses commandent la sobriété, et doivent engager à la tempérance, sur-tout pour le souper. La diète, prise dans sa généralité, n'est pas seulement nécessaire aux Parisiens naturels, elle est encore plus nécessaire aux étrangers. Les Parisiens, nés dans l'air, dans le climat, accoutumés à la manière de vivre, aux mœurs des habitans, et comme incorporés à toute cette existence, n'en sont point affectés autant que ceux qui y viennent pour la première fois; ceux-ci doivent donc considérer quel est le climat, le ciel, le pays qu'ils quittent, et le comparer avec celui dans lequel ils entrent, afin, sur cette comparaison bien établie, d'y former un régime convenable.

Les alimens devroient être simplement apprêtés dans cette commune, à-peu-près comme la nature nous les a donné; elle nous est plus favorable en tout ce qui est sans apprêt, et simple comme elle. Tous les animaux, excepté l'homme, suivent cet instinct puissant, pour la conservation de leur existence.

On doit éviter les ragoûts recherchés, ils épaississent les alimens, énervent les sucs digestifs, irritent l'appétit, et fatiguent l'estomac. Les entremets inventés par l'opulence et l'art du cuisinier, devroient être proscrits de nos tables; ils sont servis à la fin du repas quand ils peuvent être moins digérés et nuire aux alimens qui ont déjà précédé. La pernicieuse cuisine de nos jours a trop souvent abregé la vie. Il faut que les alimens dont nous nous nourrissons, soient analogues à notre nature; c'est par cette qualité qu'ils peuveut l'entretenir et la réparer sans la détruire (1).

Le commerce a étendu nos jouissances et augmenté nos richesses; les relations que nous avons formées avec les régions lointaines du nouveau monde, en nous communiquant des productions qui peuvent être salutaires en elles-mêmes, sont plutot nuisibles qu'avantageuses à la santé des Parisiens. Le café, le thé, le chocolat devroient seulement être

---

(1) On se sert, dans les maisons bourgeoises, et surtout chez les traiteurs, restaurateurs de cette commune, d'ustensiles de cuivre. Ignore-t-on que les particules de ce métal déterminent l'irritation des parois de l'estomac? Le cuivre est une matière empoisonnante, la source de plusieurs maladies, dont le type est souvent inconnu, et dont le caractère échappe, dans la pratique, à la perspicacité des médecins les plus observateurs; on ne sauroit trop répéter, que les alimens imprégnés des molécules de ce métal, deviennent un poison lent, et qu'il est infiniment préjudiciable par ses qualités délétères. Sa moindre décomposition cause des ravages dans l'économie animale. On sait qu'une ordonnance de police avoit défendu d'apporter le lait dans des vases de cuivre.

connus dans la matière médicale, et être regardés comme des médicamens plutôt que comme boisson et nourriture. Néanmoins dans cette commune, on fait un usage habituel de ces substances, sans savoir combien elles peuvent nuire à la santé.

Le café, plein d'une farine nourrissante, si on n'en détruisoit la partie gélatineuse par la torréfaction; le sel amer, et l'huile aromatique qu'il contient, seroient utiles dans plusieurs cas comme un remède amer, mais il nuit au point le plus marqué comme boisson ordinaire; il tue en caressant, dit Tissot; il détruit la mucosité et irrite puissamment le genre nerveux. Le café par ses principes salins, volatils et sulphureux, peut être un préservatif contre l'apoplexie, et cause dans le sang une fermentation utile aux personnes replettes, pituiteuses, et pléthoriques; ces mêmes effets le rendent nuisible aux personnes qui sont d'un tempérament très-sensible, ardent, sec et bilieux. On prétend communément que le café favorise la digestion; mais quand on mène une vie sobre, la digestion a-t-elle besoin d'être accélérée? Il ne favorise point la digestion, il la précipite au contraire, il desséche les fibres de l'estomac, et altère trop considérablement les sucs digestifs Est-on accoutumé au café, on ne peut presque plus digérer sans son secours, et cependant c'est à l'estomac qu'est réservée cette fonction importante. Mêlé avec la crême ou le lait, il perd, il est vrai, sa qualité trop âcre, et devient un aliment agréable; mais il ne peut être pris ainsi après le dîner sans nuire à la digestion. L'habitude du lait est nuisible à Paris, la bile y est épaisse et résineuse, le lait trop analogue à la bile, s'allie avec elle, l'épaissit et la rend trop abondante; on juge aisément combien l'habitude du café au lait est pernicieuse dans cette commune.

L'usage du thé est fréquent, non-seulement à Paris, mais encore dans toute l'Europe; sa saveur est un peu amère, légérement astringente, agréable, d'une odeur douce, assez semblabe à celle de la violette: les Orientaux font un cas infini du thé, et lui attribuent beaucoup de propriétés: c'est presque pour eux un remède universel; il peut être fondant, stimulant, céphalique; mais ce breuvage relâche l'estomac, et le débilite insensiblement comme toutes les boissons chaudes; il est légérement diurétique: joint avec le nitre, l'oximel syllitique, il convient dans l'atsme, et remédie aux œdèmes qui viennent d'obstructions légères, d'épaississement de la lymphe et d'atonie: pris à l'eau le matin à jeun, il réussit à Paris à un grand nombre de personnes; alors il agit comme dissolvant et comme remède contre l'intempérance des soupers de la veille.

L'usage du chocolat ne mérite ni tout le bien, ni tout le mal qu'on en a dit; il devient presque indifférent par l'habitude; c'est une bouillie plus ou moins claire, faite avec la pâte de cacao qui est une amande composée d'une partie farineuse et d'une huile grasse, légérement aromatique, à laquelle on allie ordinairement la canelle, le clou de girofle ou la vanille: les personnes sobres qui n'ont ni obstructions, ni aigreurs, et qui ne sont point échauffées, trouvent dans le chocolat un aliment assez digestible et restaurant, mais qui ne peut convenir à ceux qui sont nourris déjà d'alimens trop abondants en sucs nourrissiers, ou qui sont abreuvés de liqueurs irritantes, ou échauffés par les veilles, et dont les entrailles sont continuellement irritées par une bile acrimonieuse. C'est un adoucissant pectoral qui peut être employé après certaines maladies de la poitrine, auxquelles le lait ne conviendroit pas, ou bien lorsque le tempérament y est contraire. C'est un restaurant pour un âge avancé et décrépit; mais il ne peut convenir en santé comme aliment, parcequ'il est trop nourrissant, trop incrassant dans un air aussi épais que celui qu'on respire à Paris.

Le vin en général en durcissant les alimens, et en diminuant la vertu savoneuse de la salive et des sucs qui se séparent dans l'estomac, rend les digestions plus lentes et plus pénibles. Sa partie spiritueuse augmente la circulation et donne de la fréquence au pouls. Celui qui abonde le plus à Paris, y arrive de la ci-devant Bourgogne; il est plus léger, moins généreux, moins odorant, moins spiritueux que celui des départemens méridionaux; il a plus de sève, et n'est peut-être pas aussi tartareux. Les vins en général à Paris chez les marchands traiteurs, restaurateurs, sont presque toujours ou frelatés ou recomposés. Ce sont des empoisonneurs publics, (1) ceux qui altèrent avec des mélanges pernicieux un breuvage qui peut restaurer et être infiniment utile, lorsqu'il est pris avec sobriété et dans bien des circonstances; ils ignorent sans doute eux-mêmes, les funestes accidens qui peuvent résulter de ces mixtions.

L'usage du cidre et de la bierre n'est point universel à Paris; ces boissons sont nourrissantes et fermentent aisément: elles doivent être exclues des repas, parce que la boisson

---

(1) On m'a assuré que dans ce siècle, un conseiller au ci-devant parlement, opina à la mort contre un cabaretier falsificateur, soutenant que cet artifice meurtrier exterminoit peut-être plus de citoyens à Paris, que les autres fléaux réunis ensemble.

n'est pas destinée à nourrir, mais à pénétrer et à dissoudre les alimens. Les liqueurs qui sont la partie spiritueuse du vin, séparée de ses autres principes, durcissent les alimens plus que le vin, et les rendent par là-même plus indigestibles; elles épaississent la salive, les sucs digestifs, la bile, les autres liqueurs lymphatiques, resserrant en même-tems les petits vaisseaux, disposent aux obstructions, les font naître et les augmentent. Une grande partie des ouvriers et artisans de cette commune, se livre à l'intempérance, en faisant abus de l'eau-de-vie qui ruine leur complexion; cette boisson occasionne souvent chez eux une espèce de cathexie, elle leur donne une vigueur momentanée et en fait des hommes vieux avant l'âge de cinquante ans: l'embonpoint, la force, distinguent ces hommes pendant quelques années, mais bientôt le relachement universel qui y succède, produit l'hydropisie; ceux qui ont le blanc de l'œil jaune ne guérissent jamais; leur existence se termine le plus ordinairement par la phtisie, l'atrophie et la mort.

La révolution, en diminuant le luxe dans Paris, a fait disparoître la bonne chère et les mets trop recherchés; le gibier n'est plus si abondant, on doit s'en applaudir sans doute, cette nourriture très-alcalescente augmente le nombre des fièvres putrides; les alimens simples que la nature a mis à la portée du peuple, sont toujours plus sains que le gibier le plus délicat. On voit néanmoins encore à Paris, comme dans les autres pays, le gibier de passage, les bécasses, les cailles, les vanneaux et les pluviers. Les animaux qu'on soigne dans les basse-cours ou dans les environs de Paris, fournissent des mets plus salubres. La volaille qu'on mange à Paris, est une nourriture excellente;

on amène de la ci-devant Normandie, ci-devant Auvergne et des autres parties de la France, des bœufs qui sont de la meilleure qualité, et il est peu de ville où la viande de boucherie soit aussi bonne qu'à Paris; le mouton est néanmoins fort inférieur à celui des départemens méridionaux et à celui des Ardennes. Les rivières qui sont auprès de Paris, ne fournissent pas une grande quantité de poisson; les réservoirs éloignés, les étangs et sur-tout la mer, donnent la quantité immense qui s'y consomme. Il n'est aucun genre de tribut que les autres contrées de la France et des pays étrangers, ne payent à cette commune qui sera toujours le rendez-vous des productions de tous les genres, et le centre des richesses de toute espèce.

## DE L'EAU.

L'EAU est un fluide inodore, insipide, transparent qui occupe les parties les plus basses du globe, et qui joue un très-grand rôle dans les phénomènes de la nature; comme ce fluide agit sur un grand nombre de corps différens, et qu'il a des qualités diverses suivant la quantité plus ou moins grande de principes qu'il tient en dissolution, on a imaginé beaucoup de moyens d'en connoître la pureté. Des observations très-simples, très-faciles, telles que l'ébullition prompte, la cuisson des légumes, la dissolubilité du savon réunies à la saveur fraîche, à la qualité inodore, fournissent autant d'indices de la pureté des eaux. Les expériences des citoyens Lavoisier, Monge, Meunier, ont prouvé que l'eau est véritablement un composé, qu'elle contient une grande partie de l'air vital ou d'oxigène, et qu'elle est décomposée dans beaucoup de circonstances.

L'eau liquide, pure, est sans saveur, sans odeur, d'une pésanteur 850, plus considérable que l'air; elle forme les fleuves, les rivières, les étangs, les sources et les ruisseaux; elle est rarement pure, parce qu'elle dissout dans la terre et à sa surface, l'air, les gaz salins, les sels terreux: elle agit même sur les pierres les plus solides; elle les dissout, les charie, les dépose, les fait cristalliser. C'est pour cela qu'on l'a nommée le grand dissolvant de la nature, et ce n'est pas sans raison, puisqu'il semble qu'aucun corps ne puisse lui résister. L'eau terrestre, assez pure pour servir aux besoins de la vie et à la plupart des arts, est celle qui coule sur un terrain sabloneux, quartzeux, et qui est en contact avec l'air. Celle, au contraire, qui traverse la craie, les plâtres, les marbres, et qui séjourne sur les tourbes, des bitumes, des mines, et dans des cavités souterraines, loin de l'atmosphère, est plus ou moins impure l'eau n'est point un corps simple, ou un élément, elle est susceptible de décomposition; la nature opère en grand la désunion de ses principes avec bien plus de facilité, et par des procédés bien plus multipliés que l'art ne peut le faire. C'est par sa décomposition que l'eau sert à purifier l'atmosphère, en y versant de l'air vital, et qu'il se dégage beaucoup de gaz inflammable des eaux stagnantes. Cette brillante découverte, des principes de l'eau, de sa décomposition, de sa recomposition, a répandu un grand jour sur un grand nombre de phénomènes de la nature, et en particulier sur le renouvellement de l'atmosphère, sur la dissolution des métaux, sur la végétation, sur la fermentation et sur la putréfaction.

On sait que le passage d'un grand fleuve apporte avec ses eaux l'utilité, l'agrément, et la salubrité aux peuples qui habitent sur ses bords. Plus il s'avance avec rapidité, plus, en général, il émane de son sein des vapeurs favorables aux atmosphères des lieux les plus habités, pourvu que, dans ses grandes crues, il ne laisse pas dans les plaines qu'il inonde, des eaux stagnantes, qui, en croupissant dans des bas-fonds, corromproient l'air environnant, par des vapeurs putrides et mal-faisantes.

La seine, qui traverse Paris, d'Orient en Occident, n'a pas ce funeste inconvénient. Retenue dans un lit assez profond pour contenir ses eaux, elle déborde rarement; et si des pluies extraordinaires la font verser quelquefois, les terres riveraines lui offrent un plan assez incliné vers son centre, pour qu'en se retirant elle puisse ramener toutes ses eaux dans son lit naturel. Il semble que la nature n'ait destiné ce beau fleuve qu'à répandre des bienfaits aux peuples fortunés qui habitent sur ces rivages. C'est lui qui a favorisé l'immense agrandissement de la ville de Paris, en lui facilitant le transport d'importation et d'exportation de tous les comestibles et de toutes les richesses du commerce. Mais cet avantage n'est pas de mon sujet. Bornons-nous à considérer cette bienfaisante rivière, du côté de l'influence que ses eaux peuvent avoir sur la santé des hommes.

La physique, la chymie et le raisonnement se sont réunis pour démontrer le degré de créance qu'il falloit accorder aux imputations ridicules, qui ont été faites contre la salubrité des eaux de la seine. Lorsqu'on a voulu fixer l'opinion sur le degré de salubrité des eaux de l'Yvette, que le citoyen Parcieux avoit projeté de faire venir à Paris, la faculté de médecine fut consultée, et donna des résultats comparatifs, qui peuvent répondre aux prétendus inconvéniens qu'on reprochoit à l'eau de la seine. Un des plus graves, est, dit-on, encore de dévoyer les étrangers qui en boivent pour la première fois; mais on sait que le seul changement d'eau peut produire cet effet sur des organes qui éprouvent une action inaccoutumée et particulière; cette sorte de relâchement n'est ni long, ni dangereux, et très-souvent il est salutaire (1).

On a fait encore reproche à cette eau, d'entraîner dans son cours une quantité d'immondices, qui pouvoient rendre son usage dangereux. Le citoyen Parmentier, qui ne laisse aucune occasion de faire servir ses lumières au profit de l'humanité, a fait une dissertation dans laquelle il présente les plus grands détails pour prouver que l'eau de la seine n'est point susceptible des inconvéniens qu'on allègue contre elle, mais qu'elle est même très-bonne, et qu'il seroit difficile de s'en procurer de meilleure. Il a fait puiser des quantités égales d'eau, dans une circonstance où l'air étoit calme, après quelques jours de beau tems, tant auprès de Passy qu'au-dessus de Paris, et immédiatement au-dessous de l'Hospice National; (l'Hôtel Dieu) il a soumis ces eaux aux mêmes expériences; il a vu que la différence des résultats pouvoit à peine se

(1) L'eau de la seine purge quelquefois légérement les étrangers; ce qu'ils regardent comme un grand mal, est cependant un bien; c'est une purgation douce et naturelle qui dérobe les humeurs et les crudités qu'ils amassent, par les nourritures trop abondantes et nouvelles qu'ils prennent d'abord; ce flux de ventre, ce mal apparent leur sauve des maladies réelles; ceux qui ne sont pas purgés par les eaux de la seine tombent plutôt malades, et c'est ce qu'on appéle payer le tribut.

calculer. On a cru encore que l'eau devenoit impure après de grandes pluies et dans ces fortes crues d'eau, qui ne manquent pas de détacher des bords des rivières, les terres limoneuses, sur-tout de ceux de la marne qui vient se jeter dans la seine, près de Paris; mais on peut assurer que cette terre n'est aucunement dangereuse par elle-même; on ne doit cependant pas boire cette eau épaisse et limoneuse, avant qu'elle ait laissé déposer le sédiment qu'elle peut contenir, dans des vases de grès ou dans des fontaines sablées; on est beaucoup dans l'usage de boire l'eau filtrée, une transparence cristalline flatte et récrée la vue; mais s'il est vrai que la transparence et la limpidité des eaux de la seine, dues aux fontaines filtrantes, ne s'acquiert qu'aux dépens d'une quantité surabondante d'air interposé, et dont cette eau se trouve imprégnée, ce qui constitue sa légéreté, sa limpidité et sa supériorité sur les autres eaux; les personnes qui la laissent déposer dans de grands pots évasés, peuvent réellement boire de meilleure eau que ceux qui y mettent plus de recherches et de soins. La salubrité constante de l'eau de la seine est une chose démontrée; elle ne fournit que quatre ou cinq grains de matière saline par pinte : il faut convenir que s'il y avoit à craindre des différentes espèces d'immondices que peut charier la rivière, aucun endroit ne seroit plus sujet que Paris aux maladies épidémiques. Toutes les parties hétérogènes que l'eau s'approprie dans son cours, sont bientôt décomposées et détruites par la masse énorme de fluide qui se renouvelle sans cesse, les agite continuellement, les atténue, les divise et les précipite au fond, ou sur les bords. Le grand mouvement de l'eau est donc ce qui l'épure, et quand son action a lieu sur une rivière à laquelle de tems en tems de petites rivières voisines viennent apporter le tribut de leur eaux, l'air que son roulement lui fait continuellement absorber, est plus que suffisant pour la purifier. Fontana, physicien éclairé (1), a présenté à la société médicale de Londres, des expériences faites à Paris, relativement à l'air des différentes eaux dont on y fait usage : il s'est assuré que l'eau absorbe en général environ une fois plus d'air déphlogistiqué que d'air commun : il estime que l'air respirable des eaux de la seine, est en quantité moindre que celui qui se trouve dans l'eau distillée.

La faculté de médecine de Paris, a jadis donné un mémoire intéressant sur les eaux de la seine, sur celles de l'Yvette, d'Arcueil et de Ville-d'Avray; ce travail présente aux physiciens un modèle pour procéder à de nouvelles analyses; d'après les expériences comparatives, faites par les commissaires de la Faculté, le thermomètre étant à 10 degrés (2) au-dessus de la congélation, la tige de l'aréomètre, arrangé par le citoyen Majault, sortoit dans l'eau distillée, de huit pouces cinq lignes,

| | | |
|---|---|---|
| De Seine . . . . . . . . . . . . . . | 9 | 8 |
| D'Arcueil. . . . . . . . . . . . . . | 10 | 5 |
| De Sainte-Reine. . . . . . . . . . . | 10 | 9 |
| De Bristol. . . . . . . . . . . . . . | 12 | 3 |
| De puits . . . . . . . . . . . . . . | 17 | 10 |
| De Ville-d'Avray. . . . . . . . . . | 11 | 7 $\frac{1}{2}$ |

(1) Journal de physique, mai 1779, tome I.

(2) $\frac{1}{2}$

ainsi après l'eau distillée, l'eau de la seine est la plus légère; et l'eau de Bristol, qui passoit pour la plus légère, ne trouve après elle que celle de puits qui soit plus pesante.

Mais parmi ces eaux, il en est dont la pesanteur ne s'accorde nullement avec les résidus qu'elles fournissent après la distillation; celles de Sainte-Reine en sont la preuve : elles ont plus de légéreté que celles de Ville-d'Avray, quoiqu'elles fournissent une masse de résidu plus considérable.

Le résultat des commissaires, a été que les eaux qu'on boit à Paris, sont très-pures et qu'elles doivent fournir une boisson très-salubre; que parmi ces eaux, celles de la rivière de seine, sont les plus légères et les plus pures, puisqu'elles ne contiennent que (1) grains par livre, (2) grains par pinte de résidu sec; et que la plus grand partie de ce résidu est une terre absorbante de nature calcaire, jointe à une petite quantité de sélénite et à une quantité encore plus petite de nitre et de sel marin, salis à la vérité par une petite portion de matière végétale.

Après les eaux de la seine, celles de la rivière d'Yvette, sont les plus légéres et les plus pures, ne tenant que (3) grains par livre et (4) grains par pinte de residu sec, dont la plus grande partie est une terre absordante de nature

(1) $2\frac{41}{53}$

(2) $5\frac{29}{53}$

(3) $3\frac{52}{53}$

(4) $7\frac{11}{53}$

calcaire ; qu'elles ne contiennent que la sélénite, du sel de glauber, du sel marin à base terreuse, et une petite portion de matière extrative, végétale. C'est à cette matière végétale qui se trouve aussi dans les eaux de la seine et dans toutes celles des rivières, qu'est dû le petit goût marécageux qu'on leur trouve ; elles perdent facilement ce goût, et le perdroient bien plus surement dans un long canal où elles ne seroient pas infectées par la pourriture des plantes et des feuilles des arbres, qu'elles reçoivent dans leur lit actuel et sur-tout dans les brais des moulins où elles séjournent.

Après ces eaux, viennent immédiatement celles d'Arcueil, et ensuite celles de Ville-d'Avray, qui sont celles qui en approchent le plus par leur légéreté et par la petite quantité de leurs résidus ; car la première ne contient que (1) grains par livre et (2) grains par pinte, et la deuxième (3) grains par livre et (4) grains par pinte ; le résidu des eaux d'Arcueil est composé d'une terre absorbante, de nature calcaire qui en fait la plus grande partie, d'un peu de sélénite, de nitre, et de sel marin. Celui des eaux de Ville-d'Avray contient un peu plus de terre absorbante, de nature calcaire qui en fait la plus grandes partie, d'un peu

---

(1) $3 \frac{25}{36}$

(2) $7 \frac{7}{18}$

(3) $4 \frac{36}{49}$

(4) $9 \frac{23}{49}$

de sélénite de nitre et de sel marin. Celui des eaux de Ville-d'Avray contient un peu plus de terre absorbante, moins de sélénite, un véritable nitre, un sel marin à base terreuse, et peut-être, une petite portion de nitre de même nature.

On trouve à Passy près Paris, des eaux minérales qui sourdent dans de beaux jardins vers la rivière de seine: les eaux de Passy ont la beauté et la pureté des plus belles eaux communes; elles déposent une pellicule martiale, quand on les expose à l'air libre, elles ne présentent au goût qu'une petite impression vitriolique.

Monnet a fait une analyse de ces eaux, qui offre pour résultat du vitriol martial, parfait, du sel d'epsom et de la sélénite : l'union de ces deux premières substances rend l'analyse de ces eaux fort difficile : ce chimiste croit que le vitriol qui existe en grande dose dans les eaux de Passy, doit son moelleux et son maintien dans l'eau, à son union avec le sel d'epsom. Le citoyen Duchanoy l'attribue au gaz qui sert d'intermède, ou à une surabondance d'acide, sans faire abstraction du mucus de la terre qui peut y entrer pour quelque chose.

Il y a à Passy des sources anciennes et d'autres nouvelles. On compte deux sources aux anciennes eaux et trois aux nouvelles. De ces trois nouvelles sources qui appartiennent au citoyen le Viellard, la plus basse ne contient, selon Moner, que de la sélénite, de la terre absorbante, un peu de sel d'epsom et un peu de fer uni à l'eau; ce minéralogiste croit que cette différence dans l'analyse, est due à la position du terrain, parce que la source qui est la même dans l'origine, remonte en circulant, et en devient une terre absorbante qui lui fait changer de nature, ce que semble confirmer l'augmentation de sélénite.

Il y a encore à Passy une autre source appelée casalbigi, dont les eaux très-bien analysées par Vénel et Bayen, ont fait connoître qu'on doit peu les employer, étant beaucoup plus chargées de principes âcres et vitrioliques que les précédentes.

On appelle eaux de Passy épurées, celles qu'on a laissé séjourner dans des vases où elles ont déposé leur principe terreux et martial. Ces eaux bues à la source avec les avantages réunis de la promenade, de la dissipation, et du bon air, peuvent suppléer d'autres eaux qu'on transporte de plus loin. Elles sont utiles pour rappeler le ton des solides relachés, pour resserrer, fortifier, arrêter les flux opiniâtres, les écoulemens séreux et lymphatiques, comme les gonorhées et les flux blancs, lorsqu'il n'éxiste plus de phlogose, qu'on a bien détendu, délayé et que la maladie touche à sa fin; ces eaux sont légérement diurétiques, apéritives, un peu laxatives dans le commencement de leur usage. Elles peuvent être utiles contre les ulcères fongeux et putrides, dans les affections scorbutiques de la bouche et les ophtalmies séreuses.

La petite rivière de Bièvre coule à l'extrémité des fauxbourgs Saint Marceau et Saint Victor; le citoyen Hallé, a lu dans une Séance de la Société de Médecine, en 1791, un excellent mémoire qui, en développant les inconvéniens de la manière dont le cours de la Bièvre est actuellement disposé, indique en même-tems les moyens de les faire disparoître; ce mémoire ne laisse rien à désirer sur la partie médicale, et l'ingénieur y trouve presque entièrement tracé un projet dont l'exécution facile rendroit à l'humanité le service le plus important.

Il seroit à désirer que le comité des travaux publics le prit prît en considération, et éxaminât les travaux que nécessite ce changement important pour les Sections les plus laborieuses et les plus infortunées de Paris.

Je vais présenter un extrait du mémoire, dont le citoyen Hallé a bien voulu me donner communication.

La rivière de Bièvre, après avoir traversé le village de Gentilli, entre dans Paris, par le quartier appelé la Section du Finisterre, vers un lieu nommé *Clos-Payen*, et se jette ensuite dans la seine au-dessus du jardin des plantes: depuis le village de Gentilli jusques-presque à son issue, elle coule dans un vallon étroit plus ou moins resserré entre des terrains élevés qui vont à gauche former les hauteurs de l'observatoire, du Val de Grâce, du Panthéon Français; à droite celle des Gobelins.

Depuis Gentilli jusqu'à la seine, sont établis sur cette rivière cinq moulins et diverses manufactures, qui donnent un grand ralentissement dans son cours qui sans cela seroit assez rapide, et qui occasionnent dans d'autres instans, une affluence très-précipitée des eaux qu'on est obligé de laisser échapper, par ce qu'on nomme des déversions.

La manière dont cette rivière est distribuée, présente de nombreux inconvéniens par l'odeur infecte qu'elle répand presque par-tout; il semble qu'on peut assez raisonnablement lui attribuer la fréquence de certaines maladies très-communes dans quelques-uns des endroits ou elle passe.

Elle forme plusieurs canaux dans lesquels l'eau est presque sans mouvement; les habitans appèlent le canal qui passe au-dessous de la rue Saint Hypolite, *la rivière morte*, nom qui exprime très-bien son inutilité, ses inconvéniens, et la stagnation de ses eaux.

Les eaux de la bièvre contiennent de la sélénite, ou

sulfate de chaux ; elles dissolvent mal le savon ; elles coulent dans un terrain abondant en glaize, et la lenteur de leur cours favorise la naissance d'une grande quantité de plantes aquatiques ; aussi n'est-elle pas propre à la boisson des hommes et des animaux. Elle dépose beaucoup de vase, qui paroît formée d'une base argileuse et des débris des végétaux qui s'y putréfient, et qui répandent une odeur désagréable. Il s'y joint dans Paris beaucoup d'ordures de toute espèce et des matières animales : les blanchisseuses, les teinturiers, les tanneurs, les mégissiers, une boyanderie, une manufacture de bleu de Prusse, plusieurs amidoniers, et les égoûts de Scipion et de la Salpétrière, fournissent la plupart de ces matières, qui donnent à la vase une couleur noire et une odeur infecte : les eaux mêmes de la rivière en sont pénétrées ; et lorsqu'après les avoir retenues pour le service des moulins, on vient à les lâcher, il se répand dans tout le voisinage une odeur insupportable.

Le lieu le plus infect est l'embouchure de la rivière ; comme elle se rend, à angle droit, dans la seine, son courant est considérablement retardé en cet endroit ; et si les eaux ne sont pas hautes, il s'y accumule une masse considérable d'immondices, qu'on est de tems-en-tems obligé de rejeter sur les bords.

Tant de causes apparentes d'insalubrité, n'ont pas une influence marquée sur les habitans de la rue Buffon, et dans son voisinage, à cause du grand courant d'air : ce n'est que dans quelques quartiers du faubourg Saint Marceau, qu'on observe habituellement les effets qu'on a coutume d'attribuer au voisinage des eaux stagnantes. Les fièvres intermittentes, opiniâtres et d'un mauvais caractère, les maux de gorge gangreneux sont les maladies les plus ordinaires.

Les affections écrouelleuses, assez communes parmi les enfans de ce faubourg, doivent-elles être attribuées à la même cause, ou simplement à la mal-propreté et à la misère.

Le citoyen Hallé indique les changemens à faire dans la disposition du lit et des canaux de la Bièvre, et attribue les principaux inconvéniens qu'on peut reprocher à cette rivière; 1°. aux bassins nombreux dans lesquels l'eau reste stagnante; 2°. à l'effet des moulins entremêlés sur un même canal, aux différentes manufactures dont cette rivière entraîne les immondices; 3°. à l'abondance de la vase, qui souvent reste à nud au-dessous des moulins; 4°. à ce que les égoûts qui accompagnent cette rivière, sont très-rarement lavés par l'eau courante; 5°: à ce que cette rivière, à son embouchure, se jette à angle droit dans la seine, et par conséquent se décharge avec difficulté des immondices qui la remplissent; 6°. à ce que la disposition des bâtimens qui la traversent en divers lieux, s'oppose au mouvement de l'air le plus propre à entraîner les émanations mal-faisantes.

Les travaux que le citoyen Hallé propose, méritent, par leur utilité, toute l'attention des administrateurs des travaux publics; c'est au moment où tant de voix s'élèvent en faveur du pauvre, que le médecin, confident assidu de ses misères, doit se flatter de voir enfin sa retraite et l'air qu'il respire, ne plus conspirer avec tant d'autres fléaux, pour lui ravir jusqu'à la santé, le premier et le plus précieux de tous les biens.

# DE L'EXERCICE.

Il y a deux principes également démontrés dans cette partie de la médecine qui s'occupe du mécanisme des fonctions ; l'un, c'est que la force et la régularité de la circulation sont la base de la santé ; l'autre, c'est que rien n'aide autant cette fonction vitale que l'exercice, dont il n'est personne qui n'ait observé les bons effets. L'exercice est absolument essentiel pour augmenter les forces et faciliter les digestions ; car quelque diète que l'on observe, quelque régle que l'on garde dans la qualité des alimens, quelque évacuation que l'on puisse procurer, pour débarrasser le corps trop chargé, l'économie animale est telle que sans un travail et un exercice convenable, les liqueurs s'épaississent, les nerfs se relâchent, si l'on néglige de les mettre souvent en mouvement, d'où il suit nécessairement des maladies chroniques et une vieillesse languissante. Pour connoître que l'exercice fortifie, il n'y a qu'à remarquer combien les divers organes des citoyens, consacrés aux travaux les plus pénibles, prennent des forces extraordinaires, et qu'ils deviennent charnus et plus nerveux, selon les différens usages qu'ils en font. Quelle différence n'éxiste-t-il pas à Paris, entre les bras et les mains des bateliers, le dos, les épaules des porteurs d'eau, et autres individus qui fatiguent journellement, et les personnes qui restent dans une inaction très-peu interrompue.

Les frictions sur les extrémités et sur l'épine du dos, faites avec des linges ou des flanelles impregnées de vapeurs aromatiques, peuvent fortifier et suppléer quelquefois à l'exercice. L'indolent indien se fait frotter et masser tout le corps par ses esclaves. Se frotter avec des vergettes, est une xercice d'un très-grand avantage pour agacer doucement les fibres, faire circuler le sang et procurer la transpiration. Un cheval bien étrillé et à demi nourri est plus fort que celui qui seroit bien nourri et mal étrillé. L'exercice à cheval est très-avantageux, il fortifie sans avoir l'inconvénient de fatiguer; les légers mouvemens d'oscillation qu'il produit dans tout le bas-ventre, occasionnent une circulation plus facile dans ses organes, et une atténuation plus parfaite des humeurs; l'utilité de ce genre d'exercice est démontrée par l'expérience : la variété des objets qui se présentent aux yeux, dans une promenade à cheval, change le mode des idées; plus les mouvemens du corps sont rapides et variés, plus l'ame à peine à fixer son attention : elle ne reçoit plus que des idées fugitives, dont l'impression ne peut être durable.

L'exercice est sans doute plus nécessaire à Paris qu'ailleurs, l'air y est épais, les alimens y sont succulens, les digestions lentes, laborieuses; toutes les sécrétions s'opèrent imparfaitement : une prudente sobriété, réunie à l'exercice, paroît remédier à ces inconvéniens; mais le froid, le mauvais tems rendent paresseux : ce n'est que dans la belle saison qu'on jouit de ces belles journées, qui invitent à la promenade. Pendant l'hiver, les hommes et sur-tout les femmes, languissent ou passent leur vie à des jeux sédentaires. Doit-on être surpris des fréquentes apoplexies qui surviennent, et des maladies chroniques ou aiguës qui dépendent de l'épaississement des liqueurs, et de la stagnation de la lymphe. Que sont donc devenus les utiles jeux de billard, de boule, de paume, dont nos peres faisoient un usage habituel? Le jeu de cartes, celui d'échecs peuvent-ils être appelé un jeu; n'est-ce pas plutôt un travail, une étude, une passion, dont le corps sort sans exercice, et l'esprit fatigué ?

Il y a dans cette commune une disparité très-grande dans l'exercice des citoyens; il est excessif chez les uns, ou presque nul chez les autres : les différentes professions qui le commandent, et qui obligent les uns à faire de longues courses, souvent répétées, auxquelles ils ne peuvent se soustraire, par les distances très-grandes qui existent à Paris. Les uns sont bientôt usés, énervés, et succombent promptement sous une fatigue trop pénible, et souvent par une misère qui les empêche de prendre une nourriture qui répare assez leurs forces. D'autres y végetent, pour ainsi dire, par l'excès du contraire; les commis de bureaux, ceux qui sont dans les comptoirs ou dans les magasins des marchands, les hommes de lettres, &c, ne sont presque jamais en agitation et en mouvement. Les femmes, dans presque tous les États, sont trop sédentaires; et si les affections vaporeuses font leur tourment, on peut en attribuer la cause à leur manière de vivre, et sur-tout au défaut d'exercice.

L'oisiveté engourdit et relâche le corps; elle amollit les tempéramens : l'indolence en est la suite la plus ordinaire; celle-ci passe de l'esprit aux membres : ce genre de vie une fois adopté, on fait inutilement des efforts pour se vaincre; les membres refusent d'obéir, ce qui produit une source intarissable de langueurs.

L'exercice, dit With, est d'une si grande utilité pour fortifier le genre nerveux, que si les personnes attaquées de maladies de nerfs n'en font pas, ce sera en vain qu'elles prendront les médicamens qui pourroient être le plus salutaires contre leurs maux.

Je regarde l'exercice et le travail indispensables pour maintenir l'esprit et le corps en bon état; les exercices plus forts conviennent aux personnes robustes, les doux aux personnes délicates. La nature inspire cette sage conduite aux jeunes gens et aux enfans; on doit admirer le goût naturel qu'ils ont de courir et de se fatiguer; la plus grande peine qu'on puisse leur imposer, est de les retenir enfermés ou assis. La sage nature leur inspire ces goûts, pour conserver leur sang dans toute sa pureté, et rendre la circulation libre. Cette inquiétude, qui nous porte à nous mouvoir, n'est en dernière analyse qu'un instinct naturel pour nous débarasser à la faveur du mouvement de cette humeur perspirable, germe d'une véritable corruption, si elle n'étoit rejetée au dehors par les pores de la peau. Les obstructions qui font languir les personnes trop sédentaires, sur-tout les hommes de cabinet; les maladies de toute espèce qui affectent les femmes dans cette commune, peuvent presque toujours être attribuées au manque d'exercice. Les maladies des deux sexes semblent devenir communes à l'un et à l'autre : Sénèque avoit remarqué à Rome, que les femmes qui prenoient les habitudes des hommes, et qui partageoient et imitoient leur genre de vie, contractoient leurs maladies. Est-il donc surprenant de voir les hommes attaqués des maladies des femmes, après avoir contracté les mêmes habitudes, et fait leurs efforts pour réduire leur tempérament à la délicatesse du beau sexe?

On observe néanmoins, tous les jours, qu'il y a plusieurs femmes qui se portent bien sans prendre de l'exercice; c'est, dit Tissot, qu'elles ont d'autres secours, qui chez elles facilitent la circulation; c'est que la nature les a rendues plus susceptibles de sensations agréables, ou qu'elle leur a donné un plus grand fond de gaieté; c'est qu'elles parlent davantage, et ce babil est une sorte d'exercice proportionné à leurs besoins : c'est qu'elles mangent la plupart moins, qu'elles ne s'épuisent pas par les méditations qui tuent les savans et les gens de cabinet; c'est qu'elles sont attentives à mille petits événemens de société, qu'un homme absorbé dans ses travaux n'apperçoit seulement pas, et qui sont pour elles des objets assez considérables pour mettre les passions en jeu, au degré qu'il faut pour entretenir la circulation sans fatiguer les organes. Si l'on trouve des hommes qui vieillissent, et se portent bien, malgré leur inaction, on découvrira presque toujours, en les examinant, qu'ils ont eu les mêmes avantages dont je viens de dire que les femmes jouissent.

## DES PASSIONS.

Les passions ont une influence aussi marquée et aussi efficace sur la santé de l'homme, que le mouvement, que les alimens, que l'air même. Les passions, sans excepter les plus agréables, usent constamment et tuent quelquefois. Les passions tristes et qui jettent celui qu'elles attaquent dans la mélancolie, détruisent absolument l'économie animale, et sont sans aucun doute, la cause la plus fréquente des maladies de langueur. La haine et l'envie chassent le someil, détruisent l'appétit, produisent la pâleur, la maigreur et une corruption générale dans les humeurs. La tristesse occasionne quelquefois un relâchement général dans toutes les fibres, les mouvemens languissent, la digestion, la nutrition ne se font plus aisément. La crainte produit des effets à-peu-près semblables à ceux du chagrin,

grin, il existe des rapprochemens sensibles entre ces deux sentimens.

Les ravages que font les passions sont beaucoup plus prompts et plus violens à Paris que par-tout ailleurs. On a toujours été plus exempt dans les autres villes, de l'ambition et du luxe, qui a toujours fait remarquer ici des passions qui s'y sont montrées avec énergie. La vue des jouissances invite à jouir, les superfluités deviennent des besoins, et on sait que ceux que donne la nature, sont très-souvent moins tyranniques que ceux que l'opinion nous inspire.

C'est à Paris où un observateur est à portée d'être sans cesse le témoin du conflict d'intérêts personels, de voir de ces événemens mémorables, de ces scènes incalculables d'une révolution qui a changé les mœurs et jusqu'aux idées de vingt millions d'hommes; les intérêts, les haines personnelles ont allumé de terribles passions, en entretenant dans les esprits une fermentation violente qui a nécessairement influé sur le tempérament et la santé de plusieurs individus. Les constantes rivalités des hommes se sont exaltées avec violence. C'est ici qu'on a vu la Liberté le plus violemment aux prises avec le despotisme, tantôt foulée sous ses pieds, et tantôt l'écrasant à son tour; c'est ici qu'elle a fini par triompher en terrassant toutes les passions. Au milieu de convulsions civiles, et dans les intervalles d'un calme momentané, on a vu les esprits s'accoutumer à raisonner, à réfléchir, à s'occuper sur-tout du gouvernement : et après de longues et violentes secousses, s'est enfin formée cette constitution, la plus favorable, la plus propre à développer le génie, l'éloquence et toutes les qualités de l'esprit humain; la seule peut-être, où, depuis que l'homme vit en société, les loix lui aient assuré sa dignité, la liberté de penser, où elles l'aient fait, en un mot, citoyen, c'est-à-dire, partie constituante et intégrante de l'état et de la nation.

Ses effets seront précieux, si en terrassant l'ambition, et substituant des mœurs austères et pures, elle anéantit la corruption, déracine le libertinage précoce qui ruine la santé des jeunes gens, et fane la beauté des femmes à la fleur de leurs années. L'amour, cette passion aimable, sentiment délicieux, plaisir des grandes ames, n'a été trop souvent dans cette commune qu'une débauche honteuse et destructive, qui étouffe ces douces émotions de l'ame, qui seules font le prix et le charme de la beauté.

Paris a toujours été le centre et le foyer de toutes les passions; la durée de la vie s'y abrége; c'étoit l'asyle des vices et des mœurs dissolues, le libertinage y avoit toujours marché tête levée. Mais les vœux des honnêtes gens sont accomplis; livrons-nous à la douce illusion de voir cette commune régénérée, et les mœurs de ses habitans s'élever à la hauteur sublime de la Liberté. La véritable constitution d'un peuple libre, ce sont les mœurs; sans elles, point de félicité publique, point de Liberté. Il n'est de grandes et de durables institutions que celles fondées sur les bonnes mœurs, les meilleures loix deviennent inutiles sans leur secours. Les femmes publiques dont la prostitution étoit vraiment dégoûtante, ont été proscrites; les mesures sévéres d'une police vigilante, ont fait disparoître, ces courtisanes qui étoient la honte de leur sexe et devenoient la perte de la jeunesse : la pudeur et la décence ne seront plus outragées dans les rues et les promenades de cette commune; les suites incalculables de la débauche relativement à la santé, seront moins à craindre, et nous ne verrons plus des constitutions ruinées et décomposées par ce mal contagieux qui dégrade l'espèce humaine.

On peut dire en général, que les maladies sont nées de la société; on les connoît à peine chez les Sauvages; on observe avec raison que dans les grandes communes et à Paris sur-tout, les maladies ne présentoient pas cette marche ordinaire, ce type régulier que les nosologistes ont décrit avec détail; elles sont bien plus compliquées, plus difficiles et plus longues. L'homme de l'art, observateur, en appercevant les phénomènes, calculera toujours les différences entre les causes du dérangement de la santé d'un habitant de Paris, et l'altération de celle d'un autre individu. Le cours des humeurs ordinairement un peu lent donne lieu à une constitution mélancolique qui est la plus dominante. Il se passe divers mouvemens dans la nature dont les causes sont obscures, et qui par leur effets, semblent se lier à d'autres causes plus faciles à saisir. On ne peut souvent démêler la véritable origine qu'à l'aide d'un tact exquis et d'une sagacité précieuse. On est souvent environné d'une obscurité qu'il n'est possible d'écarter qu'à la faveur d'une connoissance intime de la métaphisique de l'ame, ou si l'on veut, du travail de l'imagination. Le spectacle des événemens qui se succèdent et des objets qu'on voit à Paris, présente à l'ame de grandes images. Il naît insensiblement dans le spectateur, l'habitude de recevoir des idées nouvelles et par conséquent beaucoup de penchant pour les nouveautés quelles qu'elles soient; l'ame doit donc naturellement moins se concentrer en elle-même, parce qu'elle reçoit plus d'impressions du dehors, elle se livre moins à des passions favorites et à la contemplation.

L'influence des passions est marquée d'une manière évidente sur le sommeil dont la juste longueur, la régularité; la tranquillité sont l'un des plus fermes appuis de la santé. Nulle part, le sommeil et la veille n'étoient dérangés comme à Paris; peut-être l'habitude, cette seconde nature corrigeoit-elle cet inconvénient, et ces effets sont moins funestes, puisqu'on n'en voit pas arriver autant de mal que du dérangement des autres fonctions naturelles.

On ne peut douter des ravages que le mouvement inordonné et extraordinaire des passions peuvent produire dans la constitution physique; elles ont quelquefois les suites les plus effrayantes: les digestions sont viciées, les sécrétions troublées, l'ordre des cinq choses non-naturelles interverti. Le calme des passions, au contraire, ramène tout dans l'ordre; toutes les fonctions s'exécutent tranquillement; les fibres de notre corps ne sont ni dans la tension ni dans l'atonie; les fluides et les solides exercent une action et une réaction réciproques; en un mot, avec le calme, la tranquillité de l'esprit et des passions, on jouit d'une santé aussi parfaite qu'elle puisse être; on n'a plus à combattre que l'âge et ses dépérissemens insensibles, l'air, ses vices ou ses influences.

## DES VETEMENS.

Les vêtemens influent, sans contredit, sur la santé et la conservation des hommes, mais la plupart des habillemens qui sont en usage parmi nous contribuent plutôt à la difformité et même à la destruction de notre être, qu'à sa beauté et à sa conservation; cette triste vérité se fait sur-tout sentir parmi les enfans et les femmes. L. manière de se vêtir, dit Buffon, est aussi grande que la diversité des nations ; ce qu'il y a de vrai, c'est que de toutes les espèces d'habillement, nous avons choisi l'un des plus incommodes, et que notre manière, souvent imitée par d'autres peuples de l'Europe, est en même-tems, de toutes celle qui demande le plus de tems, et qui paroît le moins assortie à la nature.

Il n'est presque aucune partie de notre corps que notre habillement ne mette à la torture ; il nous enchaîne tout entier et en détail ; nous plaçons des ligatures, à la tête, au cou, aux bras, à la poitrine, aux lombes, aux cuisses, aux jambes et aux pieds : par-là nous opposons un obstacle continuel au retour du sang dans les veines : obstacle d'autant plus dangereux qu'il en existe déjà un naturel qui ne peut être vaincu que par l'agitation et l'exercice, dont la nature nous fit une loi nécessaire pour le maintien de la force et de la santé. Par nos vêtemens serrés nous diminuons l'action et la réaction des puissances qui mettent en jeu la force et la vigueur ; les muscles enchaînés, ne peuvent agir ni s'accroître ; le sang retardé dans son cours fait naître encore ces vapeurs ; cet hypocondriacisme qu'un médecin habile (1) a souvent banni, en conseillant une vie agitée. Plusieurs anatomistes célèbres ont déjà entrepris de démontrer le danger qui résulte des cols ; si l'anatomie, comme il est raisonnable de le penser, entroit dans le plan d'instruction dont s'occupe la Convention Nationale, on connoîtroit quel obstacle dangereux opposent nos

---

(1) Tronchin, arrivé à Paris, sentit tous les inconvéniens du non-exercice, et les dangers qui en résultoient. Aussi engageoit-il les femmes d'une certaine classe à sortir plus souvent, et même à frotter leurs appartemens.

divers vêtemens au sang qui revient de la tête, et des autres parties au cœur. Ce fluide vivifiant est porté à la tête par quatre artères, qui toutes ont un diamètre considérable. Le moindre obstacle, opposé au retour de ce fluide, peut causer engorgement, sur-tout chez les enfans qui y sont naturellement disposés, à cause de la mollesse de leur cerveau et de l'excès du fluide qui s'y porte.

L'usage d'enfermer étroitement le pied, n'est pas moins absurde : les cors, les durillons, qui viennent aux doigts des pieds, ne sont pas le plus dangereux accident qui résulte de nos chaussures ; elles produisent les mêmes inconvéniens que nos jarretières, et sont l'une des causes de l'enflure des jambes que d'autres causes encore concourent à produire ordinairement chez les femmes ; celles-ci assujettissoient autrefois encore plus qu'aujourd'hui leur poitrine et celle de leurs enfans, et sur-tout des jeunes filles, par un vêtement barbare et dangereux, qu'elles ont nommé un corps. On sait combien il a détruit de tailles et ruiné de santés. L'estomac, les viscères du bas-ventre, et par une suite nécessaire, les poumons toujours comprimés, constamment gênés dans leurs fonctions, les exécutent toutes avec difficulté ; les digestions se perdent, les viscères s'obstruent, les humeurs s'altèrent, les malades tombent dans les pâles couleurs et la cacochimie, et ces mêmes moyens, destinés à procurer des tailles élégantes, sont sans doute la cause qu'il y en a beaucoup de contrefaites. C'est ainsi que tout ce qui s'éloigne de la nature, est toujours dangereux, ou pour le moins ridicule.

Il faut néanmoins convenir que les sages leçons de Locke, présentées par la plume éloquente de l'ingénieux auteur d'Emile, ont fructifié dans cette commune ; l'éducation physique, tracée par les philosophes, paroît tendre à une amélioration désirée depuis long-tems. Déjà les enfans jouissent d'une plus grande liberté; on les a délivré des entraves gênantes du maillot : l'indigeste bouillie n'est plus leur aliment unique et ordinaire; on leur fait faire beaucoup plus d'exercice, et on les accoutume davantage aux impressions du grand air; les corps de baleine commencent à être abandonnés, ou du moins à être fort adoucis : aussi voit-on des enfans plus agiles, plus robustes, et des tailles plus élégantes et plus déliées.

Il existe, plus particulièrement à Paris qu'ailleurs, une mode parmi les femmes, moins en usage aujourd'hui, croyant réparer les torts de la nature, ou réparer l'irréparable outrage des années; elles s'assujettissent à peindre leur visage avec des couleurs empruntées, souvent chargées de particules nuisibles, tirées du plomb et du mercure, qui, en arrêtant la transpiration, doit nécessairement refluer sur les organes voisins, et y produire plusieurs maux différens; les yeux, sur-tout, en sont particulièrement affectés : d'ailleurs elles ne suppléent point par l'art au coloris que la nature leur refuse. Les rouges dans lesquels il entre du cinabre, occasionnent de la chaleur et de l'ardeur dans la bouche et le gosier. La salive acquiert de l'âcreté et de la fétidité. L'introduction des parties de bismuth, de céruse ou de plomb, qui sont autant de poisons qui entrent dans les blancs, ont des inconvéniens encore plus fâcheux, et peuvent nuire essentiellement aux organes intérieurs. La peau du visage, qui manque en général de coloris dans ce pays, est d'un tissu plus fin, plus lisse et plus serré qu'en aucune autre partie du corps; la transpiration y est essentielle : on doit donc craindre qu'en fermant les pores, cette humeur répercutée ne soit préjudiciable aux glandes voisines, et sur-tout aux dents dont la couronne peut être cariée et l'émail noirci.

Les maladies contractées par l'habitude des fards métalliques, et dont le sexe ne soupçonne ou ne veut pas reconnoître le danger, peuvent devenir très-funestes; mais le désir de plaire (1) fait sacrifier le don le plus précieux de la nature à des graces imaginaires; et la vanité immole la santé : avec le travail, l'exercice, le régime pris dans toute son étendue, les femmes redonneroient à leurs membres une vigueur qu'elles ne connoissent point, et rendroient à leur visage une beauté, des graces et un éclat qui surpasseroient de beaucoup leurs couleurs empruntées et nuisibles.

On ne peut, il est vrai, refuser aux femmes de Paris, de posséder l'art enchanteur de la toilette; elles ont des graces et une tournure qui semblent n'etre réservées qu'à elles, et que dans nul autre pays les femmes ne possèdent; elles offrent dans les promenades publiques le coup-d'œil le plus séduisant : autrefois Paris fourmilloit de ces petits maîtres, qui se glorifioient d'imiter la frivolité de quelques femmes dans les secours de l'art trompeur de la toilette, et mettoient, comme elles, autant de recherches à leurs parures ridicules.

---

(1) Si les femmes savoient combien elles perdent de leurs charmes, par un prestige emprunté, elles renonceroient à plaire, en employant ce frelatage, qui est quelquefois dégoûtant. On demandoit un jour a un Anglois, comment il trouvoit les femmes de Paris, il répondit qu'il ne se connoissoit pas en peinture.

La

La classe des ouvriers utiles, celle des indigens, offre un aspect bien différent ; la misère et une mal-propreté révoltante font leur partage : on a la douleur de voir des hommes et des femmes couverts de vêtemens sales et dégoûtans, et qui sont réduits à végéter tristement dans des habitations étroites et mal-saines. Ce malheur, attaché jusqu'à présent à leur existence, disparoît de jour en jour ; et les maux, sans nombre, sous lesquels ils succomboient, commencent à se dissiper : on remarque déjà plus d'aisance dans la classe de ces citoyens, plus d'union et de fraternité parmi eux ; l'instruction que le Parisien va recevoir, lui fera apprécier et connoître le prix de l'eau, de l'air, de l'exercice et de la propreté. Les fêtes, les assemblées publiques, concourront à accroître cet intérêt bienfaisant qui doit exister dans le cœur de tous les hommes. Les sciences, dont l'accès sera ouvert à tous, développeront des vertus jusqu'alors presque ignorées ; elles corrigeront nos goûts dépravés ; nous ne serons plus exposés aux maladies auxquelles ils donnent naissance. Nous saurons observer les loix établies pour notre bonheur commun ; les générations naîtront plus heureuses ; elles atteindront la perfection à laquelle l'espèce humaine peut prétendre. L'égalité détruira une foule de passions dans le cœur de tous les hommes, et en particulier de celui du Parisien. Jadis spectateur d'une opulence et d'un luxe qui rendoient la pauvreté moins supportable, la disproportion des états et des fortunes faisoient naître l'envie, la jalousie et les autres passions ; la vanité seule présidoit aux actions de tous les hommes ; l'amour éteint répandra son empire ; il ne sera plus sacrifié à l'orgueil et à l'avarice, qui présidoient seuls à l'union des sexes ; les droits les plus sacrés de la nature seront respectés; les principes mâles d'une éducation vertueuse fortifieront le corps et l'ame de la jeunesse; l'hygiène, l'art de se conserver en santé, formeront des hommes nouveaux, dont la vigueur et la force feront la prospérité des beaux jours de la République.

# SECONDE PARTIE.

> Ah little think the gai..................
> Womh pleasure, power and affluence surround
> Hou many pine in want, and sickness-houses
> Shut from the common air.
>
> THOMPSON.

C'EST après s'être entretenu des diverses substances qui peuvent influer sur la santé et le tempérament des habitans de Paris, que nous devons fixer notre attention sur les misères humaines qui s'offrent dans les hospices de cette grande commune : levons nos yeux un moment pour considérer ce triste spectacle. Nous n'entrerons point dans le détail historique des différens hospices de Paris ; nous y substituerons quelques vues générales sur la manière de rendre ces établissemens dignes de leur fin. Nous n'entrerons pas non plus dans l'examen critique de leur administration, trop d'auteurs célèbres et de philantropes éclairés (1) ont écrit sur les vices de ces hospices, considérés sous tous leurs rapports, pour que nous croyons avoir besoin de les développer davantage, et pour que nous puissions même nous flatter d'ajouter aux lumières que des hommes aussi instruits ont répandu dans cette grande question. Nous

(1) Chamousset a publié là-dessus différens mémoires sous le titre de Vues d'un bon Citoyen. Tenon a écrit sur cette matière un mémoire très-approfondi.

nous bornerons à dire que l'examen personnel de ceux que nous avons sous les yeux, et les renseignemens particuliers que nous avons pris en les visitant, confirment dans la persuasion de leurs inconvéniens.

Il faut néanmoins convenir que les principaux hospices de Paris ont changé de régime; depuis que les principes de la révolution y ont pénétré, l'ordre intérieur y a visiblement gagné; la bienveillance et les soins y ont fait des progrès sensibles; mais plusieurs de ces établissemens sont encore susceptibles d'une grande amélioration, ce sont de tous les établissemens publics, ceux dans lesquels l'humanité réclame le plus vivement une régénération salutaire. En attendant ces changemens, essayons de présenter la description de ceux qui existent à l'époque actuelle, sans entrer dans les détails multipliés de leur police intérieure.

# HOSPICE NATIONAL

## DE L'HUMANITÉ.

Cet Hospice, ci-devant appellé Hôtel-Dieu, a été fondé en 650; c'est le plus grand, le plus effrayant et le plus important de tous les établissemens formés à Paris pour la réception et le traitement des pauvres malades de l'un et de l'autre sexe.

Cet Hospice, situé au centre de cette commune, couvre une superficie de 3600 toises quarrées, ou de quatre arpens, mesure de Paris.

Deux bâtimens construits, l'un sur la rive méridionale

de la seine, l'autre sur celle du nord, se communiquent entre-eux par deux ponts dont l'un est destiné uniquement à l'usage de la maison, il a un coté couvert dans toutes sa longueur et un coté découvert; le batiment méridional est élevé de quatre étages, entouré de petites rues et de vieilles maisons. Plusieurs escaliers conduisent aux différentes salles dont quelques-unes sont accouplées, et n'ont de jour et d'air que d'un coté; elles sont de plus entassées par étages, et adossées les unes aux autres; elles sont trop basses, mal aérées, et exposées presque toutes au bruit perpétuel d'un passage très-fréquenté.

Le batiment, construit sur la rive du nord, a moins d'élévation que celui de la partie méridionale; les salles y sont mieux disposées; elles reçoivent un meilleur air et en plus grande quantité.

Les bâtimens, élevés sur les deux ponts, procurent sans doute plusieurs avantages à cette maison; mais il est vraisemblable qu'ils nuisent à la salubrité de l'air dont ils interceptent le courant.

Cet Hospice contient vingt-cinq salles, douze destinées aux hommes; il y en a treize pour les femmes. Ces salles contiennent plusieurs rangées de lits qui sont au nombre à-peu-près de *1900*; en entrant dans quelques-unes de ces salles, on respire un air infecté par les exhalaisons morbifiques de cette multitude de corps mal-sains, portant des uns aux autres les germes pestilentiels de leurs infirmités. Confondre, entasser ainsi les malades dans un même lieu, c'est les détruire les uns par les autres. Dès que les malades sont admis, reçus et enregistrés, ils sont sur le champ distribués dans les salles destinées aux genres de maladies dont ils sont attaqués. Ici se présente une observation importante; sur les vingt-cinq salles de cette maison, on n'en trouve qu'une seule qui soit destinée aux maladies contagieuses, c'est la salle des variolés; mais la petite vérole est-elle la seule maladie qui porte la contagion ? la galle, les fièvres malignes, la fièvre de prison, certaines dissenteries et une infinité d'autres maux, se communiquent et devroient être traités à part. Tous les malades sont mêlés ensemble dans les diverses salles qui n'ont pas une destination particulière et déterminée. Combien ne résulte-t-il pas de maux cruels de ce mélange ?

Mais les vices les plus frappants qu'on remarque dans cet hospice, et qui produisent presque tous les maux dont on se plaint, sont l'emplacement défavorable qu'il occupe, le peu d'étendue de son local, l'élévation excessive de ses bâtimens, la multiplicité prodigieuse d'objets que l'on trouve accumulés dans un espace si resserré, la forme, la division des et les autres dispositions vicieuses de cette maison. Dans la salle qu'on appelloit de Saint Charles et de Saint Antoine et dans quelques autres, chaque individu n'a à-peu-près que deux toises cubes d'air libre à respirer; tandis que d'après les observations des plus habiles médecins, un malade a le besoin indispensable d'une quantité d'air trois fois plus forte pour que l'athmosphère qui l'enveloppe, ne lui devienne pas toujours dangereuse et souvent funeste.

L'insalubrité de cette maison est une cause constante de dépopulation, et la mortalité nombreuse est due à sa mauvaise constitution. Les maladies y durent davantage que dans les autres hospices de cette commune: on ne peut douter que le mal-aise, le degoût, la corruption de l'air, le défaut de sa circulation, l'entassement des malades dans les mêmes salles, ne contribuent à retarder la guérison des maux;

cette vérité de théorie est ici démontrée par le fait (1). Les calculs les plus exacts, d'après une longue suite d'observations faites avec soin, prouvent que dans les autres hospices, la mortalité commune n'excède jamais le sixième des malades reçus ; dans la plupart elle est d'un septième, dans plusieurs d'un dixième, et dans quelques-uns d'un vingtième, mais ici elle n'est jamais inférieure au cinquième du nombre des malades.

Sur le nombre des femmes accouchées, il meurt dans les autres hôpitaux à-peu-près le cinquante cinquième ; à l'hospice national, il en périt une sur treize ; plusieurs opérations chirurgicales y sont si redoutables qu'on en revient difficilement ; celle du trépan, dont le succès par-tout ailleurs est si commune, y est presque toujours funeste. Il est peu d'exemples qui n'attestent que cette opération y a été constamment suivie de la mort. Le nombre des enfans morts en naissant, n'est dans aucun autre hospice, connu au-delà d'un dix-huitième, il est ici d'un sur treize.

Les individus qui sont assez heureux pour échaper à la maladie et à la mort, subissent de nouvelles épreuves, et courent de nouveaux dangers ; lors de leur convalescence, on ne les sépare point des autres malades, on ne redouble ni de soins, ni de ménagement pour hâter leur entier

---

(1) Toutes les causes d'insalubrité qui sont déduites des principes d'une saine physique et des connoissances que la pratique de la médecine a acquises ; on ne peut leur opposer que l'expérience, dont les résultats ont quelquefois contrarié les théories qui paroissoient le mieux fondées. L'expérience est ici le degré de mortalité ; le pays le plus sain est celui où on vit le plus long-tems ; l'hospice le plus insalubre est celui qui perd le plus de malades en proportion de ceux qu'il a reçus.

rétablissement et leur sortie ; ils restent toujours confondus dans les salles avec les malades et les mourans ; ils continuent d'essuyer les mêmes dégoûts, les mêmes communications contagieuses. Si les convalescens au nombre de 6 ou 7 cens, se lèvent pour changer d'air, ils ne trouvent ni cour, ni jardin, ni aucun aspect agréable qui puisse récréer leur imagination ; ils n'ont pour se promener que la partie découverte du pont dont nous avons parlé. Les convalescens des maladies ordinaires et contagieuses y sont mêlés et confondus ; le défaut d'espace n'y a réservé aucun promenoir (1).

Les médecins font tous les jours la visite des lits, et prescrivent des remèdes ; cette maison présente des ressources infinies pour le progrès et l'avancement de l'art de guérir ; on y étudie la nature malade dans son domaine : c'est pour ainsi dire, la première école de l'univers (2) par

(1) Il est bien étonnant qu'on n'ait pas encore pratiqué une communication entre le jardin du ci-devant évêché et celui qui est contigu à celui-ci. Ces deux endroits formeroient, pour les convalescens, une promenade charmante sur la rivière ; ils respireroient un meilleur air, acquerroient les forces dont ils ont besoin, ne prolongeroient pas un séjour qui les rend oisifs et qui leur fait perdre l'habitude du travail. C'est multiplier les bienfaits que les pauvres reçoivent dans les hospices, ou plutôt c'est donner à ces asyles de l'humanité souffrante, les conditions qui leur conviennent, que d'y réunir tout ce qui est propre à perfectionner la guérison, et à assurer la convalescence des malades.

(2) On y donne gratuitement, et par écrit, des consultations aux malades du dehors. Le citoyen Desault panse lui-même, ou fait panser ceux qui en ont besoin. Si on

les

les secours qu'on y rencontre, et l'instruction des gens de l'art qui le dirigent.

Il est fâcheux que tant de soins, prodigués avec autant

---

peut, sans inconvénient, transporter dans l'amphithéâtre les malades de l'hospice, ils y sont conduits : Lorsque leur maladie est légère, ou même lorsqu'elle est grave, et que sa terminaison doit être heureuse, on en fait l'histoire en leur présence; on les interroge sur les causes qui les ont fait naître, sur la marche des symptômes, et sur les remèdes qui ont été employés. Le prognostic est porté devant eux; cette connoissance augmente leur sécurité en les tranquillisant sur la suite de leurs maux. Si la maladie est dangereuse, le citoyen Desault prévient les étudians sur la nature du mal qui va être offert à leur yeux, leur rappelle les signes auxquels ils pourront le reconnoître. S'il doit pratiquer une opération, il fait de même, avant l'arrivée du malade, l'exposé de sa maladie, démontre l'insuffisance ou le danger des médicamens internes et externes qu'on pourroit employer pour la combattre, fait voir la nécessité de l'opération, parcourt sommairement les procédés qui ont été recommandés ou pratiqués en pareil cas, indique les avantages et les inconvéniens des uns et des autres, décrit spécialement celui qu'il doit suivre, et explique les motifs qui le lui font préférer.

Lorsque l'opération est délicate et dangereuse, le chirurgien la pratique auparavant sur le cadavre; le malade opéré et retiré dans la salle où il doit rester, le chirurgien revient de nouveau sur l'opération, fait observer ce qu'elle a offert de particulier, et annonce le succès qu'on doit en attendre. Quelle que soit l'issue d'une maladie, aucun malade ne sort de l'hospice sans reparoître à l'amphithéâtre, où l'élève, chargé de son pansement, lit le journal et les observations qu'il a faites; le chirurgien en chef ajoute les réflexions qu'il juge convenables, sur le fond et la forme de ces observations. Lorsqu'un malade succombe, on fait l'ouverture du cadavre, et on constate, avec soin, le siége et la nature de sa maladie.

de zèle que de lumière, ne produisent pas tout le bien qu'on pourroit en attendre. Si les malades n'en éprouvent pas toute l'efficacité dont ils seroient susceptibles, c'est au vice de position, de construction et d'arrangement qu'il faut l'attribuer. Aussi ces vices et les inconvéniens qui en résultent nécessairement, ont-ils toujours été un objet de pitié, de censure et de réclamations pour tous les citoyens qui s'intéressent véritablement au sort des pauvres. L'ancien gouvernement s'étoit occupé de remédier aux maux infinis qu'entraîne une construction aussi mal entendue. En *1786*, huit commissaires, de la ci-devant académie des sciences, examinèrent attentivement les vices de cet établissement, et firent imprimer leur rapport, dans lequel ils démontrent que cet hospice est insuffisant pour la commune de Paris; qu'il n'est ni commode, ni salubre pour les pauvres malades, dont il est l'asyle. Ils s'élèvent avec force contre les inconvéniens des lits à deux, et sur-tout contre l'abus qui existoit alors des lits à quatre, et à six malades. Ce funeste usage a été abandonné; les dispositions intérieures, nécessaires, ont été exécutées; mais la plupart des abus qu'ils dénoncèrent, subsistent encore de nos jours : ils proposèrent aussi au gouvernement de diviser l'Hôtel-Dieu en quatre hôpitaux; l'un au nord de Paris, entre les faubourgs du Temple et Saint Laurent; l'autre au midi, près l'Observatoire; le troisième dans le ci-devant couvent des Célestins, et le quatrième près la ci-devant École Militaire. Ce projet donna lieu à plusieurs discussions, dont il n'a résulté jusqu'à présent qu'une preuve de bonnes volontés, et d'intentions bienfaisantes, mais peu efficaces.

On s'est borné à quelques additions que l'on a faites

au bâtiment du nord, et à quelques améliorations dans celui du côté méridional. S'il est permis d'espérer un changement sur les abus de cet hospice, c'est sur-tout sous un gouvernement qui paroît s'occuper plus spécialement de cette partie si intéressante et si essentielle du peuple, qui avoit été si long-tems négligée et oubliée.

## MAISON DE LA SALPÊTRIÈRE.

CET Hospice est d'une étendue considérable; c'est le plus nombreux de tous les établissemens qui ressortent de l'hôpital général (1). A l'exception de quelques hommes

---

(1) L'hôpital général comprend les maisons de Scipion, des Éleves de la Patrie, ci-devant la Pitié, des trois maisons des enfans de la Patrie, ci-devant Enfans trouvés, de Bicêtre, de la Salpêtrière. Onze à douze mille pauvres reçoivent des secours et sont soignés dans les maisons de l'Hôpital Général. Le détail qu'exige l'assistance d'un si grand nombre de malheureux, est prodigieux; les vices, malheureusement trop nombreux et inhérens, pour ainsi dire, à une aussi immense machine, ne sont pas d'une apparence aussi révoltante depuis que l'ancienne administration a disparu. Les préjugés et la routine avoient, pour ainsi dire, consacré et légitimé des usages réprouvés par la raison. Aujourd'hui un bureau des hospices, composé des administrateurs desétablissemens publics, et de quelques membres de la Commune, sous l'inspection du directoire du Département, exerce la surveillance sur ces maisons, et donne des soins vigilans sur leur administration intérieure; mais c'est le tems seul et les progrès de la philosophie qui déracineront entièrement les anciennes habitudes, feront disparoître les réglemens imparfaits, les usages gothiques, et y substitueront des vues désintéressées, des intentions pures, préviendront tous les vices qui naissent si nécessairement de la misère, et multiplieront ainsi le nombre des véritables citoyens.

vivant avec leurs femmes dans un quartier séparé sous le nom de ménages, cet hospice n'est destiné que pour les personnes du sexe. Il réunit dans la même enceinte, tous les âges de la vie, depuis la plus tendre enfance jusqu'à la caducité; et les intermédiaires de ces deux termes, sont remplis par toutes les misères et les infirmités de la nature humaine.

Son étendue immense est un obstacle à une surveillance exacte, et la multiplicité des soins qu'il exigeroit, est présque impraticable : cette maison, comme toutes celles de l'hôpital général, est divisée par emplois ; cette classification a paru la plus simple, elle a été adoptée. Nous allons néanmoins suivre la graduation des âges, et la division des infirmités.

On reçoit dans cette maison des enfans de tout âge et de tout sexe; *2008* petits lits sont destinés à des enfans en sevrage qui delà sont transférés dans une maison, faubourg Saint Antoine; parce qu'on ne les garde à la Salpêtrière que depuis un an jusqu'à douze. On appelle la *crêche*, le local où ils sont réunis; les berceaux sont assez propres, les dortoirs passablement aérés; mais ils présentent au physicien, l'inconvénient de rassembler dans un même lieu un trop grand nombre d'enfans: on sait de quelle importance il est que les premières années de l'enfance se passent dans un air libre et pur. La classe la plus nombreuse d'enfans qui sont secourus par l'hospice, est la classe de ceux dont l'origine est ignorée, et qui ont été abandonnés par les auteurs de leurs jours. L'objet de l'assistance des enfans abandonnés, est sans doute, la conservation de leur santé; mais elle doit plus particulièrement encore, s'occuper d'en faire des sujets utiles à l'état, d'assurer leur bonheur, en leur préparant des vertus, et en les rendant dignes de la confiance de leurs concitoyens.

L'administration qui répand des secours sur cette classe d'enfans, doit encore avoir pour objet de diminuer le nombre des mères qui renonçent aux sentimens les plus doux, les plus puissans de la nature, abandonnent leurs enfans, et privent ainsi à jamais du bonheur de connoître leurs parens, les malheurenx auxquels elles ont donné le jour; en sortant de la *crèche*, les enfans passent dans un batiment où ils sont occupés à éminceı de la laine ou à tricoter; après leur sixième année, les garçons sont envoyés à la maison des élèves de la Patrie, et les filles restent dans la maison; on ne fait pas assez attention que le travail de la laine est défavorable à la santé des enfans, et nuisible à leur poitrine; quelques-uns d'entre-eux ont de legères atteintes de scorbut, et plusieurs la galle. Autrefois presque toute la maison étoit infectée de cette maladie; mais les précautions prises depuis peu, ont diminué le nombre de galleuses; il y a un local pour le traitement de cette maladie et pour en éviter la communication avec celles qui en sont exemptes. Nous avons remarqué que la position du bâtiment où sont ces enfans, leur est nuisible; on le trouve placé près de l'égoût de la maison, qui répand une odeur infecte dans les grandes pluies; l'air, qui entre par les fenêtres, est imprégné de tous les miasmes putrides, qu'exhale encore une basse-cour voisine, où l'on entretient habituellement une cinquantaine de cochons, mis en pension au mois par des chaircuitiers de Paris; tous les germes de corruption, et de maladie sont rassemblés autour de ces enfans.

En sortant de ces dortoirs, les filles passent à un plus vaste; elles y sont au nombre d'environ six cens : on leur apprend à travailler en linge : elles ont été occupées à faire des chemises pour les Défenseurs de la Patrie; elles apprenoient aussi à faire de la tapisserie, de la dentelle, et à broder; faute de débit, elles se sont bornées au linge et au tricot.

La nouriture de ces jeunes filles agées depuis dix ans jusqu'à vingt-cinq, est presque toujours incomplette; si on a égard aux besoins de leur âge. Les alimens sont souvent préparés avec une négligence coupable, malgré qu'il éxiste un arrêté de la commune pour améliorer l'existence des pauvres de la Salpêtrière : une suffisante subsistance, une nourriture saine leur suffiroient; de tous les âges de la vie, la jeunesse est celui qui exige les soins les plus complets.

L'âge de vingt-cinq ans est, pour les filles élevées à la Salpêtrière, le dernier terme de leur éducation physique et morale; parvenues à cet âge, celles qui ne sont pas reclamées par leurs parens ou demandées par des personnes honnêtes qui veulent bien s'en charger, celles qui n'ont ni le désir, ni la possibilité de se placer au dehors, ne quittent pas la maison; le nombre de celles qui restent est très-considérable; l'incurie, la paresse qu'elles ont dû contracter pendant leur séjour à l'Hospice, l'ignorance des conventions sociales, une sorte d'hébétement dans lequel elles ont été élevées, souvent des infirmités les rendent incapables de la domesticité, seul état auquel elles puissent prétendre. Celles qui sont assez heureuses pour se marier, ont trois cens livres et un trousseau de la maison: depuis la Révolution, le nombre de celles qui ont trouvé des époux, est plus considérable.

Une autre salle contient uniquement des aveugles; elles

couchent deux : les paralitiques couchent seules dans deux dortoirs ; les autres n'offrent plus qu'un mélange dégoûtant d'infirmités de tout genre, et une mal-propreté qui soulève le cœur. Le spectacle de la plupart des dortoirs de cette maison est vraiment hideux : quelques-uns contiennent deux ou trois rangées de lits sous un toit très-bas et dans un petit espace. Dans le jour on y est suffoqué, comment peut-on y respirer la nuit ? Ces cloaques infects doivent recéler des germes de putridité, suite nécessaire de l'amoncellement d'individus, déjà affoiblis par la misère, l'âge et les infirmités. Il semble qu'on trouveroit facilement le moyen de donner de l'air dans plusieurs dortoirs, soit par des ventilateurs, soit par de nouvelles ouvertures ; mais le moyen le plus efficace, sans doute, seroit de diminuer la masse énorme des individus de la Salpêtrière, et de réduire à une mesure précise le nombre des pauvres que cette maison doit reçevoir.

Un corps de batiment isolé est destiné à reçevoir et à renfermer les folles, qui sont au nombre de six cens quatre : là tous les genres de folie sont confondus, les folles enchaînées sont réunies avec les folles tranquilles ; et par-là la maladie, au lieu de diminuer, ne fait que s'accroître. On a bâti, depuis quelques années de nouvelles loges un peu plus grandes et plus aérées, moins susceptibles d'infection. Plusieurs familles qui ont une des leurs attaquée de cette maladie qui ne peut être traitée commodément et avec suite dans des maisons particulières, payent une pension modique, et on les traite en raison de cette même pension. Les autres folles reçoivent la même nourriture que les autres pauvres de la maison, et seulement un quart de pain de plus ; ces quantités sont insuffisantes pour des individus qui, dans une agitation continuelle, dissipent plus que s'ils travailloient.

C'est de l'Hospice national, où ont été traitées les folles, qu'on les transfère à la Salpêtrière ; le traitement est à-peu-près commun pour toutes les espèces de cette maladie, pour toutes les situations de chacune d'elles. La France est bien reculée pour ce genre de traitement de tous les États voisins, et particulièrement de l'Angleterre (1) ; cette maladie, la plus affligeante, la plus humiliante pour l'humanité, celle dont la guérison offre à l'esprit et au cœur une plus entière satisfaction, n'a pas excité encore en France l'attention pratique des médecins ; un grand nombre d'ouvrages savans ont été publiés sur cet intéressant objet ; mais aucun bien, aucun soulagement n'ont résulté de leur doctrine pour cette classe infortunée, malheureusement trop nombreuse. La proportion des guérisons n'en est pas augmentée ; l'expérience prouve cependant chez les Nations voisines, qu'un grand nombre de foux peut être rendu à l'usage de la raison par des traitemens appropriés, par un régime convenable, et même par des soins doux, attentifs et consolans ; tandis que la dureté avec laquelle ils sont fréquemment traités, les rend incurables et malheureux.

La Salpêtrière a pour les femmes une maison de force, jadis destinée aux filles publiques de Paris ; la perpétuité de la détention n'existe plus ; les emprisonnemens à vie sont abrogés : aujourd'hui sont placées, dans ce département, plusieurs personnes en arrestation, ou celles qui ont été déjà jugées par le Tribunal criminel. Elles étoient le 16

(1) L'hôpital d'Yorck, dirigé par le Docteur Hunter, est célèbre par le traitement de cette maladie. Cet estimable philantrope a consacré sa vie et sa fortune à ces bienfaisantes fonctions.

ventose

ventose, au nombre de quatre cens vingt; la division, dite la Correction, est une espèce de cloître composé de cellules particulières et isolées, ouvrant sur des galeries assez aérées; c'est la seule partie de la prison de la Salpêtrière qui paroisse disposée d'une manière salubre. Il existe une infirmerie générale à la Salpêtrière, qui est très-bien aérée; mais les salles contiennent trop de lits, surchargés de bois, et susceptibles de recevoir et de conserver des miasmes putrides; les maladies sont confondues à-peu-près sans distinction dans ces salles; les âges sont encore moins séparés; le nombre des malades est au terme moyen, d'environ trois cens.

Depuis l'établissement de l'infirmerie, la mortalité n'est, dans la maison, que d'un peu moins d'un dixième; avant qu'elle fût établie, elle étoit de plus d'un sixième: l'expérience a démontré, que le transport à l'Hospice national augmentoit de beaucoup les chances de la mortalité. Le sentiment des officiers de santé, est que le mauvais air, la faim, la mauvaise qualité des alimens et les effets, trop certains de la communication intime des jeunes personnes entr'elles, engendrent l'épuisement, le marasme, le scorbut, la gale lépreuse, les fièvres putrides, maladies les plus communes à la Salpêtrière.

## MAISON DES ÉLÈVES DE LA PATRIE.

Vis-a-vis le Jardin National des plantes, est situé l'Hospice, qu'on appelle maison des Élèves de la Patrie, ci-devant la Pitié. Cet établissement est destiné aux enfans pauvres de Paris, ou des environs: ceux qui veulent y être admis se présentent au bureau général des hospices,

Parvis de la Raison, et deux jours par décade, leur réception a lieu : ils sont au nombre de quatorze ou quinze cens. Ces enfans sont reçus depuis quatre ans jusqu'à douze ; à cette époque de leur age, ils sont placés en apprentissage, chez des ouvriers de Paris. Ils sont répartis dans la maison en sept divisions, qu'on appelle emplois, et y reçoivent l'instruction de la lecture, de l'écriture, de l'arithmétique. Chaque emploi a un maître et un sous-maître: ces divisions ne sont pas graduelles.

Un emploi particulier est destiné aux seuls enfans de quatre à huit ans; ils y sont au nombre de quatre cens. Parvenus à l'âge de huit ans, ces enfans sont indifféremment répartis dans les autres emplois: l'instruction est proportionnée suivant la portée de leur âge; chaque emploi a plus ou moins de dortoirs et de salles de classe; les dortoirs, mêmes les anciens, sont assez grands; les nouveaux sont vastes, batis avec intelligence pour procurer des courans d'air; mais le nombre d'enfans, couchant dans la même chambre, est toujours trop grand. On fait admirer des lits d'une nouvelle construction, qui coulent et se nichent sous d'autres, de manière qu'une salle qui contient cinq rangées de lits, quand les enfans se couchent, n'en présente que trois quand ils ne sont pas couchés; il est difficile de ne pas craindre que ces lits, roulés sous les autres, dès que les enfans en sortent, et découverts seulement quand ils y rentrent, ne présentent plus de causes d'insalubrité, que s'ils étoient toute la journée à l'air.

La gale et la teigne étoient autrefois les seules maladies qui étoient traitées dans la maison; les enfans malades étoient envoyés à l'Hospice national. Le scorbut étoit très-commun dans la maison : on assure que les farineux, donnés avec abondance en nourriture, en ont diminué l'intensité. Les fièvres rouges y sont aussi des maladies presque habituelles. L'été dernier, presque tous les enfans ont été atteints de la petite vérole, et on a remarqué qu'il n'en étoit mort aucun. Il est vrai que l'infirmerie, qu'on a bâtie depuis peu, est bien exposée; que la perspective qu'elle offre sur le Jardin National des plantes, la rend agréable et saine, et que cette exposition ne contribue pas peu au rétablissement de la santé de ces enfans.

La nourriture est uniforme dans la maison; ces enfans sont nourris à-peu-près, proportion gardée, comme les autres citoyens qui habitent les maisons de l'Hôpital général. Leurs alimens sont en général mal préparés, ce qui est la source de maladies, qui font périr beaucoup d'enfans dans les hospices de cette classe : un peu plus d'attention dans les alimens qu'on donne à ces enfans, et quelques soins particuliers sauveroient beaucoup de ces infortunés. Les carottes, les bettes, les navets, et d'autres racines succulentes données de tems à autre; quelquefois des légumes verds, des fruits rouges en été; un peu de vin aux plus débiles; des vêtemens suffisans à tous; le travail et l'exercice, proportionnés à l'âge et à la saison, seroient des moyens de prévenir la cachexie des enfans dans ces asyles; ces moyens, que l'on commence déjà à mettre en usage dans quelques-unes de ces maisons, sont faits pour faire aimer leur institution, et pour assurer à la République une population nombreuse et robuste.

L'instruction générale ne consistoit, sous l'ancienne administration, qu'à lire, écrire et apprendre la *religion*; les documens de celle-ci absorboient presque tout leur tems : on les en occupoit cinq heures par jour; il n'étoit aucun travail dans cette maison. Ces malheureux enfans, destinés à être pauvres toute leur vie, étoient formés par la charité, à l'oisiveté, à l'inertie, et préparés, par conséquent, à devenir des sujets nuisibles à la société : cette pernicieuse pratique a disparu. On a formé des atteliers dans la maison ; les uns sont occupés à la filature, à la cardure ; les autres à faire de la charpie pour les Défenseurs de la Patrie. Ils semblent destinés eux-mêmes un jour au métier des armes ; une grande partie d'entr'eux font l'exercice militaire au son de la caisse. L'air et le mouvement sont les premiers besoins de cet âge, et l'habitude d'un travail constant, la première instruction nécessaire : la source de tous les maux physiques et moraux, est dans une oisiveté habituelle. Les principes qui régissent aujourd'hui cette maison, sont fondés sur ceux de la République (1), et ces jeunes enfans jouissent, sous plusieurs rapports intéressans, de plus de bonheur et de santé : il faut espérer qu'ils deviendront un jour des citoyens laborieux, utiles et heureux.

---

On voit, avec satisfaction, sur le fronton des portes des différentes salles, les noms des Grands Hommes : Régulus, Anaxagoras, Solon, Brutus, J. J. Rousseau, &c. La Patrie, la Vertu sont toujours à l'ordre du jour dans cette maison : ces enfans adressent tous les matins, leurs vœux à l'Être suprême, et consacrent leur journée au travail et à l'instruction ; ils ne perdent plus le tems précieux de l'enfance à assister à des convois funèbres dans Paris : la Fraternité, la bonne morale, les Vertus Républicaines sont sans cesse retracées à leurs yeux, et constituent la base de leur éducation.

# (1) HOSPICE

## DES ENFANS DE LA PATRIE.

ENTRE tous les établissemens dûs à l'esprit d'humanité, les plus intéressans, sans doute, sont les maisons destinées à servir d'asyle aux enfans abandonnés : cette louable institution a empêché, sans doute, que des êtres dignes de compassion ne fussent la victime des sentimens dénaturés de leurs parens. Autrefois l'on transportoit à Paris, chaque année, deux mille enfans expédiés comme une marchandise de différens lieux, où il ne se trouvoit point d'établissemens autorisés à les reçevoir ; ces enfans, dans la proportion de neuf sur dix, périssoient dans la route, ou peu de jours après leur arrivée. L'Hospice des Enfans de la Patrie, qu'on appeloit des Enfans-trouvés, est situé vis-à-vis l'Hospice National ; en traversant les salles de cette maison, où dorment dans la crèche tous ces enfans qui ne sentent pas encore leur infortune ; en contemplant leur physionomie, où sont empreintes les graces touchantes de l'enfance, on ne peut se défendre des plus profondes émotions : séparés à jamais du sein maternel, privés des tendres caresses, des soins vigilans

(1) La Convention Nationale vient de rendre un décret, qui ordonne que le ci-devant couvent du Val de Grace, qui étoit destiné à devenir un hôpital militaire, seroit l'asyle des Enfans de la Patrie et des femmes enceintes : le Comité des secours s'occupe des dispositions nécessaires pour l'exécution de ce décret.

d'une mére, ils ne recevront point d'elle ces premiéres instructions qui se gravent dans l'ame en traits ineffaçables, ils ne prononceront pas même ce nom sacré ; quand le destin leur souriroit un jour, quand la fortune les combleroit de ses dons, jamais il n'embrasseront les genoux d'un pére ; la maison paternelle, asyle du bonheur domestique, le devoir filial si consolant à remplir, tous ces liens si doux qui nous attachent à la société, dès notre naissance, et nous disposent aux vertus, n'existent point pour eux.

Le nombre des enfans abandonnés, est en raison de la misère et des mauvaises mœurs; les Législateurs de la France en attaquant ces deux causes, feront disparoître successivement le désordre qui en est l'effet : la constitution répandant les richesses sur un plus grand nombre d'individus, augmentera nécessairement le nombre des familles propriétaires, et empêchera l'indigence absolue ; en dirigeant vers l'intérêt public les facultés de tous les citoyens ; en unissant, pour le motif commun, les intérêts particuliers, elle donnera aux sentimens naturels, aux vertus privées, une force qui se développe de jour en jour ; en rendant à chacun tous ses droits, instruisant l'homme de ses devoirs, et les réduisant à ce qu'ils ont de vrai, elle pénétrera chacun aussi de la nécessité de les remplir ; en diminuant le nombre des célibataires, elle attaquera une des causes les plus communes de l'abandon des enfans. Déjà elle a favorisé les mariages, en adoucissant ses liens, et en rappelant à ses douceurs une multitude d'êtres condamnés jusqu'ici à les ignorer. Elle a opéré, sans doute, un grand, un important changement, la régénération des mœurs; elle a fait plus encore, en faisant revivre en leur faveur la loi, qui a le plus honoré l'antiquité (la loi de l'adoption) ; elle a rendu à ces enfans l'espoir de ne plus être étrangers à tous les sentimens naturels; et c'est pour eux le plus puissant motif d'émulation, comme la consolation la plus douce.

La maison dont nous parlons, est celle où sont apportés tous les enfans qui viennent de naître; aucun renseignement n'est demandé à ceux ou celles qui apportent ces enfans; aucune condition n'est imposée pour leur admission. Cinq à six mille enfans sont annuellement reçus dans cette maison; le plus grand nombre est de Paris; on en compte sept ou huit cens des départemens environnans : il sont gardés dans cette maison jusqu'au moment où ils sont mis en nourrice, ou confiés à des meneurs chargés de ce soin dans les campagnes qu'ils habitent; mais un grand nombre meurt avant cette époque : deux tiers au moins succombent dans le premier mois, et dans ces deux tiers, trois cinquièmes avant d'être confiés aux nourrices : cette prodigieuse mortalité s'attribue particulièrement au mauvais état dans lequel la plupart de ces enfans, fruit ou de la débauche, ou de la misère, sont apportés à l'Hospice. Une maladie contagieuse, presque toujours existante dans cette maison, connue sous le nom de *Muguet*, et dont ces enfans guérissent peu, en enlève beaucoup encore; enfin ces enfans restent quelquefois des semaines, des mois entiers, sans nourrices, réunis en grand nombre dans les mêmes salles; cette dernière cause de mort n'est pas, sans doute, la moins funeste.

On a remarqué que les secours à donner à ces enfans, étoient remplis de difficultés : le retour des meilleures mœurs, excité par nos nouvelles loix, les réglemens sages, les établissemens utiles peuvent seuls en triompher. Pour suppléer à l'inconvénient très-commun de l'insuffisance dans le nombre des nourrices, on a fait dans cet Hospice plusieurs essais de nourrir ces enfans avec du lait d'animaux ; ces essais ont été tentés dans la maison même, et en en confiant le soin à des femmes de campagne ; mais quoiqu'ils n'aient pas eu de grands succès, ils pourroient être repris utilement, s'ils étoient faits avec une suite de précautions que l'expérience a montrées nécessaires.

On pratique cette nourriture artificielle pour les enfans qu'on reçoit jusqu'au moment où les nourrices viennent les chercher. C'est à la campagne que ces établissemens devoient être faits pour en assurer le succès : une courte instruction pratique, qui pourroit avoir lieu à Paris, mettroit bientôt un nombre considérable de femmes de campagne, en état de suivre avec fruit cette méthode, et de consacrer leur vie à ce genre de service auquel l'expérience les rendroit tous les jours plus propres.

Ceux de ces enfans, qui échappent à tous les dangers, dont sont remplis les premiers tems de leur vie, sont à l'âge de six ou sept ans, ramenés à la maison, dite Saint Antoine, ou conservés par les nourrices qui reçoivent alors une pension de quarante livres jusqu'à ce que l'enfant soit parvenu à l'âge de sept ans ; presque tous ces enfans, conservés par les nourrices par dela le terme fixé, sont gardés dans leur maison jusqu'à ce qu'il se marient, y sont traités comme les propres enfans ; le plus grand nombre tourne bien, et devient de bons habitans de campagne.

# HOPITAL DE BICÊTRE.

On lit sur le fronton de la porte d'entrée de cette maison : Respect au Malheur; sa situation est sur une colline entre le village de Ville-Juifve et de Gentilli, à la distance de Paris d'une petite lieue ; sa position le rend très-propre au rétablissement des malades, et c'est déjà un séjour moins infect que la plupart des hôpitaux de cette commune. Il est certain que si la seine pouvoit être conduite à Bicêtre, ce seroit le lieu le plus commode pour former un hospice des mieux placés et des plus considérables : pour remplacer cet avantage si considérable, on a des puits et quelques canaux ; l'un de ces deux puits est sur-tout remarquable par sa grandeur, sa profondeur et principalement par la simplicité de la mécanique qui sert à puiser l'eau au moyen de deux seaux, dont l'un desquels vuide, tandis que l'autre monte plein : il fut creusé en 1735; il a quinze pieds de diamètre, et environ deux cens dix de profondeur ; chacun des seaux, qui s'y remplissent, contient un muid. Depuis quelques années ils sont élevés par les pauvres de Bicêtre, et vuidés dans un réservoir qui a soixante quatre pieds carrés de surface, et neuf de profondeur. Ces sceaux montent et descendent pendant seize heures chaque jour, et amènent dans ces seize heures environ cinq cens muids. Quant à l'eau qui a passé par les conduits de plomb, on sait qu'elle peut devenir mal-faisante, et que conséquemment il seroit prudent de pourvoir à cet inconvénient.

La totalité des individus vivant dans la maison, s'élève à-peu-près à quatre ou cinq mille; sept emplois forment la division de cette maison ; c'est plutôt une division de localité qu'une division par classe, ou de maladies à guérir, ou de malheureux à soulager. Si cette maison n'étoit qu'une prison, on pourroit l'appeler énorme par son étendue; mais elle est pour les hommes, ce que la Salpêtrière est pour les femmes, c'est-à-dire, une espèce d'Hôpital Général.

La classe la plus nombreuse de cette maison, est celle des pauvres qui ont plus de soxante ans, ou qui sont infirmes; cette classe est appelée celle des *bons pauvres* : assurément un grand nombre d'eux ne remplissent pas strictement les conditions exigées. Les pauvres sont indistinctement répandus dans tous les emplois; la règle d'admission, transgressée souvent par l'âge et les infirmités, l'est encore par les conditions exigées de l'indigence absolue.

Une maison aussi considérable n'avoit aucun moyen, aucune ressource, pour soigner ses malades; tout ce qui n'étoit que pauvre étoit porté à l'hôpital, qu'on nommoit Hôtel-Dieu : la rigueur des saisons, leur intempérie, le caractère de la maladie, rien ne trouvoit grace contre la règle de la maison, qui vouloit que ces malheureux fussent voiturés à l'*Hôtel-Dieu*, entassés dans un tombereau non-suspendu : le nombre qui mouroit en chemin étoit grand; cet usage barbare n'existe plus : on a construit une infirmerie suffisante pour recevoir tous les malades de la maison, et les traiter conformément à leurs maladies.

L'épilepsie, les humeurs froides, la paralysie donnent entrée dans la maison de Bicêtre; mais ces maladies sont considérées alors comme infirmités incurables, et leur guérison n'est tentée par aucun remède, quelque peu que soit invétérée la maladie, et quel que soit l'âge du malade. Ainsi, un enfant de dix à douze ans, admis dans cette maison, souvent pour des convulsions nerveuses, qui sont réputées épileptiques, prend au milieu des véritables épileptiques, la maladie dont il n'est pas atteint, et n'a dans la longue carrière, dont son âge lui offre la perspective, d'autre espoir de guérison que les efforts rarement complets de la nature. Ces efforts salutaires, si peu communs dans cette espèce de maladie, sont encore contrariés à Bicêtre par le local des salles qui leur sont destinées; ces salles sont étroites, basses, et mal aérées: ces malades, confiés aux soins de deux seuls gardiens, sont plus véritablement abandonnés à eux-mêmes, ou aux soins de leurs camarades, dans le moment de leurs crises; aussi arrive-t-il quelquefois des accidens graves par les coups qu'ils se donnent.

Les enfans scrophuleux, dartreux, teigneux, imbécilles, sont aussi confondus dans les mêmes salles, quoiqu'il y en ait plusieurs destinées à ce genre d'infirmités.

Les foux sont également jugés incurables quand ils arrivent, et n'y reçoivent aucun traitement. Ils paroissent généralement conduits avec douceur (1): le quartier qui leur est destiné contient cent soixante dix-huit loges, et

---

(1) Les insensés ont tout à attendre, et même à exiger de la pitié publique. Pourquoi réunir et confondre toutes les espèces de foux dans un même lieu? Par-là la maladie ne fait que s'accroître au lieu de diminuer. Le plus grand malheur pour un homme attaqué de folie, est de se trouver à côté d'un autre fou. La folie est une affection du systême nerveux, et un dérangement ou lésion dans l'organisation célébrale: on trouve fréquemment, par l'ouverture des cadavres des foux, qu'il s'est fait des changemens particuliers dans l'état général du cerveau. On a

un pavillon à deux où ils couchent seuls. Les foux sont pendant la nuit renfermés dans leurs loges ou dans les

---

souvent observé qu'il étoit d'une consistance plus sèche, plus dure et plus ferme qu'il ne l'est habituellement chez les personnes qui n'ont pas été affectées de cette maladie; d'autrefois, on l'a trouvé plus humide, plus mol et plus flasque. Meckel l'a trouvé fort changé en densité et en pesanteur spécifique. L'exacte Morgagni a observé que chez les maniaques, la substance médullaire du cerveau étoit communément sèche, dure et ferme; il a même si fréquemment fait cette observation, qu'il étoit disposé à regarder cette circonstance comme la plus générale; mais dans la plupart des exemples qu'il a rapporté, il paroît que le plus souvent, le cerveau étoit d'une consistance extraordinairement dure et ferme; mais que le cervelet avoit conservé sa mollesse ordinaire, et que dans beaucoup de cas il étoit extraordinairement mol et flasque. Morgagni observe, que dans quelques autres cas, une partie du cerveau étoit plus dure et plus ferme que de coutume, tandis que le reste de cet organe étoit extraordinairement mol.

Le docteur Arnold s'est occupé d'une manière recommandable, de distinguer les différentes espèces de folie, telles qu'elles se manifestent relativement à l'ame; ses travaux pourront devenir utiles, lorsqu'on connoîtra mieux les différens états du cerveau, qui correspondent à ceux de l'ame. Les maladies, qui peuvent attaquer les facultés intellectuelle de l'homme, sont si multipliées, l'imagination qui s'enflamme, les grandes douleurs, un chagrin dévorant et profond; que de causes connues et inconnues! L'expérience prouve, que lorsque la maladie commence elle est susceptible de guérison, et c'est ici que les avantages de la richesse se manifestent. Un riche, attaqué de folie, n'est point logé avec un insensé, et il n'a point à redouter ce qu'il y a de plus dangereux, la communication. Le riche peut guérir; mais le pauvre isolé parmi d'autres maniaques, empire; les mauvais traitemens, les surprises effayantes, les menaces aggravent son état; il tombe dans les accès d'une plus grande violence, et bientôt il n'inspire plus que l'horreur.

salles ; mais ils ont toute la journée la liberté des cours quand ils ne sont pas furieux ; le nombre de ceux-ci est peu considérable ; il varie selon les saisons : j'en ai seulement vu six qui étoient enchaînés. Malgré la nullité du traitement pour les foux, et la réunion de différentes espèces de cette maladie, plusieurs d'entr'eux recouvrent la raison : ils sont alors mis en liberté. On observe un de ces foux avec curiosité ; il a la manie d'être perpétuellement habillé en femme ; une longue barbe et les vêtemens du sexe font un contraste fort bisarre : il a les traits et l'ensemble de la phisionomie d'une femme, et pique la curiosité de ceux qui visitent les loges.

Les cours sont très-aérées ; et si la plupart des loges n'étoient pas au-dessous du niveau du terrain, et parconséquent humides, elles ne seroient pas mauvaises pour un homme seul. On y reprocheroit cependant toujours l'inconvénient d'être sous le toit, et de ne pas présenter aux eaux un écoulement qui les en écarte.

Les prisons de Bicêtre, situées au milieu de cet hospice, sont divisées en deux parties ; l'une composée de deux bâtimens, formant une double équerre, contient, dans chacun de ces corps-de-logis, deux rangées de cellules, nommées cabanons, au milieu desquels on peut facilement amener un air plus pur et plus actif ; néanmoins elles seront toujours des cachots : on accorde la liberté du préau pendant quelques heures par jour aux prisonniers ; c'est un besoin presque aussi pressant pour eux que celui de prendre de la nourriture : la seconde partie des prisons de Bicêtre, est composée d'atteliers bien disposés, de salles de foux bien construites et d'infirmeries, dont les dimensions et les accessoirs sont très-convenables ; mais par l'effet de la négligence ou de l'indiscipline des prisonniers, et par les suites fâcheuses des excès auxquels ils se sont portés dans des mouvemens d'égarement et d'insurrection; plusieurs de ces infirmeries ont été dégradées au point d'être inhabitables. Le nombre des prisonniers étoit le 26 ventose, de sept cens quatre-vingt huit.

La maison avoit, il y a à-peu-près un an, deux infirmeries destinées aux personnes de l'un et de l'autre sexe, infectées du vice vénérien. Ils étoient environ six cens soixante annuellement traités à Bicêtre : cet hospice est aujourd'hui débarrassé de ces malades. On a formé un établissement dans la maison des ci-devant Capucins de la rue Saint Jacques, dont nous parlerons plus bas.

L'oisiveté énerve les hommes à Bicêtre; le défaut de travail se fait sentir dans presque toutes les classes de la maison; une moitié au moins de ce qu'on appelle bons pauvres, pourroit être occupé; le prix résultant du travail est même moins à considérer que l'avantage d'éloigner l'oisiveté d'un tel établissement : les enfans étoient occupés jadis à faire des lacets et des lisières, faute de debouché, on les laisse presque dans une entière inoccupation.

La maison de Scipion fournit tous les vivres de Bicêtre, comme ceux de toutes les autres maisons de l'Hôpital Général. C'est le centre commun d'où partent tous les jours les comestibles que l'on consomme dans les établissemens de l'Hopital Général, dont nous venons de faire une courte description.

---

# HOSPICE DU NORD.

CETTE maison, ci-devant appelée Hòpital Saint Louis, a une des quatre positions avantageuses, que les commissaires de la ci-devant Academie des Sciences indiquent dans le rapport dont nous avons parlé précédemment. C'est un superbe bàtiment; Duhamel le cite comme digne de servir de modèle en ce genre : les corps-de-logis n'ont point la forme circulaire, prétendue la plus avantageuse par quelques-uns; ils forment deux grands quarrés concentriques; celui de l'intérieur est divisé en plusieurs salles, dont quatre fort vastes, élevées et bien aérées, reçoivent la plus grande partie des malades envoyés à cet Hospice. Ces salles ont 72 toises de long, et 24 pieds de large : on traitoit le reste des malades dans les salles du rez-de-chaussée, quoiqu'elles fussent basses, humides et mal aérées (1). Le quarré extérieur contient les logemens des gens employés au service de l'Hospice : l'apothicairerie et toutes les autres choses nécessaires à l'établissement; cette maison est bàtie sur un terrain élevé et en bon air dans le faubourg Saint Laurent : elle a été fondée pour y recevoir les malades atteints de

(1) Cet abus n'exite plus, et nous annonçons ici, avec satisfaction, que c'est notre visite dans ces salles qui a occasionné leur suppression. Nous étant élevés, avec force en la présence des malades, contre le mauvais air et l'humidité de ces salles, l'officier de santé de la maison a fait répandre les malades dans les salles du premier étage, et a donné une autre destination à ceux qui n'ont pu être placé dans l'hospice.

maladies contagieuses (1); elle contient habituellement huit à neuf cens malades attaqués de maladies de peau ou d'autres maux dégoûtans, qu'il est indispensable de séquestrer et de traiter à part, tels sont les cancers, les ulcères, les plaies provenant d'un sang vicié, scrophuleux ou appauvri, le scorbut, &c. Nous y avons vu huit cens soixante-et-quatorze militaires; cinq cens trente-un d'entre-eux étoient revenus des armées, ou avec des blessures ou infectés de la gale.

Cet Hospice est isolé des autres maisons du faubourg; on trouve autour des potagers immenses, et dans les deux enceintes du batiment, des cours très-vastes, et toutes les commodités que l'on peut désirer pour le service et pour faire prendre l'air aux malades; aussi la mortalité y est-elle bien inférieure à celle de l'Hospice national: l'eau dont on se sert pour tous les usages de la maison, descend de Belle-Ville, et on y transporte de l'eau de la seine pour la boisson; il n'est pas douteux que la salubrité ne dépende en grande partie de la propreté, et c'est l'eau qui maintient et conserve la propreté dans un hospice; il seroit aisé de fournir une plus grand abondance d'eau à celui-ci, soit par des puits semblables à ceux de Bicêtre, soit par le moyen des pompes à feu.

---

(1) La cause des épidémies, proprement dites, semble détruite depuis que Paris est pavé, que les rues sont élargies, et que la propreté y est mieux entretenue. Paris est certainement devenu plus sain; et une preuve sans réplique, c'est qu'il n'y a point eu d'épidémie dans ce siécle.

# HOSPICE DE L'UNITÉ.

Cette maison ci-devant appellée l'Hôpital de la Charité, est située dans le faubourg Germain, entre les rues Taranne, Benoît, Jacob et des Pères, sur un terrain en pente, très-favorable à l'écoulement des eaux et à la propreté : six salles spacieuses et aérées, qui contiennent deux cens huit lits, sont destinées aux maladies fébriles; ces lits sont rangés des deux côtés, à des distances convenables, avec un espace au milieu de treize à quatorze pieds de largeur. Chaque malade est couché séparément ; la construction des salles n'est pas absolument vicieuse ; mais on observe qu'elles s'enfilent réciproquement et se communiquent entre-elles ; l'air en circulant peut porter dans l'une ce qui sort de l'autre : on pourroit le renouveller au moyen d'un dôme placé au centre qui serviroit de ventilateur, comme l'avoit proposé A. Petit en 1774, et rendre, comme lui, ce ventilateur plus actif par le feu. Il y a des salles qui ont près de dix-sept pieds de haut pour quinze, et où il n'y a que trente-quatre malades qui ont sept toises cubes d'air à respirer (1).

La plupart des lits y sont fondés par des bienfaiteurs

(1) En général la hauteur des salles dans un hôpital, doit être réglée sur la nature des maladies qui y sont traitées. La loi de la pesanteur des fluides, fait que l'air échauffé monte dans les couches supérieures de la salle ; elle fait aussi que la mofette atmosphérique étant plus légère que l'air, est toujours portée dans les parties élevées ; il y a tout lieu de croire que les miasmes putrides et morbifiques, dont nous ne connoissons ni la nature ni la pesanteur spécifique, s'élèvent également dans la hauteur des salles.

particuliers; il en coutoit autrefois 10100 livres pour cette fondation; mais aujourd'huy elle revient à 12000.

Le service est assez bien entendu et s'y fait régulièrement; les malades y sont bien traités, néanmoins la mortalité y est à-peu-près d'un septième et demi; il semble qu'elle ne devroit pas être aussi forte dans un lieu où le traitement est si bon; et l'on a soupçonné qu'elle venoit de quelque cause particulière : on a cru découvrir cette cause, dans la trop grande proximité de la salle des blessés, de celle où l'on traite les fièvres malignes : l'on a observé, en effet, que dans cet Hospice, les opérations chirurgicales ont souvent des suites fâcheuses; ce qu'on croit venir de l'altération de l'air dans un lieu dont l'athmosphère se trouve par un effet de ce voisinage, nécessairement chargé de particules fébriles et corrompues.

On ne reçevoit autrefois les malades dans cet Hospice, qu'à de certains jours, à des heures marquées, et avec des conditions qui avoient des inconvéniens très-graves; on restreignoit le bienfait aux seuls catholiques, en exigeant que les malades, qui se présentoient pour être reçus, se soumissent à la confession; comme si les secours de la charité n'auroient pas dû être communs à tous les hommes, quelle que pût être leur croyance et quelque religion qu'ils professassent; aucune bonne raison ne pourroit justifier un usage aussi absurde; on imagine bien qu'il a disparu, et avec lui, les abus qu'il entrainoit à sa suite (1).

---

(1) Ces conditions étoient, sans doute, exigées par les fondateurs, qui, par une piété mal entendue, bornoient aux seuls catholiques les bienfaits d'une vertu que l'auteur du christianisme avoit commandé d'étendre sur tous les indigens, sur tous les hommes, sans distinction de religion.

La réception des malades et leur enregistrement se font à-peu-près comme à l'Hospice National; les lits sont numérotés, les malades revêtus de l'uniforme de la maison, pendant le séjour qu'ils y font, et reprennent en sortant, les vêtemens qu'ils avoient en y entrant.

Les salles sont échauffées, pendant l'hiver, avec des poëles, dont la chaleur se répand au moyen de tuyaux de cuivre, et entretiennent, dans toutes les parties de l'Hospice, une température douce et saine.

La comparaison, que l'on a faite dans cet Hospice du nombre des blessés, avec celui des autres malades qui y sont traités, donne la proportion de cinq à dix-huit; celle des convalescens est comme deux sont à cinq.

Ceux-ci ont, dans cet Hospice, l'avantage de la promenade dans deux allées, où l'on à eu l'attention de faire une plantation d'arbres pour purifier l'air.

Rien n'est plus ordinaire que les rechutes fréquentes parmi ces convalescens; ils contractent même quelquefois des maladies plus sérieuses que celles dont ils viennent de guérir, et dont leur état de foiblesse les rend plus susceptibles: ayant fréquenté avec assiduité cet Hospice, j'ai observé, par l'ouverture des cadavres, que l'abondance de nourriture mangée avec avidité, les alimens de toute espèce, apportés imprudemment par les personnes du dehors, produisoient un engorgement de matières indigérées, accumulées dans le canal intestinal: ces indigestions répétées produisoient chez ces malades la fièvre, qu'on a appellé la fièvre d'hôpital: ces individus périssoient ainsi victimes de leur imprudence, quand déjà ils avoient échappé au danger d'une première maladie.

Les élèves en médecine trouvent dant cette maison des

sources précieuses d'instruction : un médecin éclairé va, immédiatement après la visite des malades, dans un amphithéâtre où, développant les symptômes, les progrès, les phénomènes des diverses maladies qu'il a observées, il fait remarquer spécialement ceux des malades qui sont exposés à un plus grand danger ; il parle ensuite des remèdes qu'il a prescrits pour combatre la gravité de ces mêmes maladies ; disserte sur les effets bons ou mauvais, produits par ces médicamens sur l'économie animale : en un mot, il fait un cours de médecine clinique, où la théorie est réunie à la pratique, et qui est infiniment utile aux jeunes médecins.

## HOSPICE DE L'OUEST.

Cet Hospice, qu'on appelloit de Saint Sulpice, est situé presque sur le boulevart au-delà de la barrière de Sève ; il a été établi en *1778* pour éclairer l'ancien gouvernement sur un grand nombre de questions importantes relatives aux hôpitaux, et pour donner des résultats certains sur le genre de soins que ces établissemens exigent, ainsi que sur la dépense qu'ils occasionnent. Une somme annuelle de *42000* livres, fut suffisante à cette époque, pour faire l'essai d'un hôpital de cent vingt lits.

Les malades, qui sont reçus dans l'Hospice, y reçoivent tous les secours qu'une bienfaisance éclairée et une charité active leur prodiguent ; ils sont couchés séparément, et tout ce qui leur est nécessaire est servi avec soin, promptitude, et propreté.

Une salle, qui contient huit lits, est destinée aux blessés

et aux maladies chirurgicales ; mais aucun individu n'occupoit ces lits le 22 Pluviose.

Cet Hospice, établi dans une ancienne maison religieuse de Bénédictines, n'offroit pas, à l'égard du renouvellement facile et continu de l'air, de grands avantages ; les salles y sont beaucoup trop basses ; on remédie, il est vrai, à cet inconvénient, par l'ouverture des croisées opposées, par la direction des corridors et l'effet des ventouses multipliées ; il y a, dans chacune de ces salles, un courant d'air que l'on peut augmenter, diminuer et modérer à volonté.

Autrefois la réception des malades étoit subordonnée à des règles uniformes et exactes ; on n'y admettoit que des malades de la ci-devant paroisse de Saint Sulpice, en exigeant d'eux un billet signé du curé. On n'admet aujourd'huy personne par des motifs de faveur ou par l'influence d'une recommandation : le seul titre d'introduction est un certificat de pauvreté absolue, délivré par la Section respective de l'individu malade.

Cet Hospice a pour bâse les réglemens les plus sages, et on a adopté tous les moyens nécessaires pour approcher de cette perfection qui naît de la réunion des soins et de l'économie : rien de ce qui pouvoit être véritablement nécessaire au bien des malades, n'a été épargné : rien de ce qui pouvoit être inutile, n'a été dépensé ; cette dernière attention est aussi charitable que la première, puisque c'est à ce prix, qu'avec un fond déterminé, on peut venir au secours d'un plus grand nombre d'infortunés.

On ne peut pas douter que l'intelligence des femmes (1) attachées à l'Hospice, et l'attention avec laquelle elles pré-

---

(1) C'étoient des sœurs de Saint Vincent de Paul.

viennent le gaspillage, n'entre pour beaucoup dans l'économie qui distingue cette maison; à cet égard, comme à plusieurs autres, il semble que les hôpitaux, gouvernés par les personnes du sexe, présentent une grande supériorité sur ceux qui sont dans les mains des hommes. En effet, la sobriété, qui est naturelle aux femmes, la douceur, la patience, la sensibilité et l'adresse qu'elles ont en partage, ne démontrent-elles pas que l'intention de la nature a été de remettre entre leurs mains le soin des malades?

Les comptes imprimés donnent le résultat précis de la dépense de l'hospice. En 1779, chaque journée de malade n'est revenue qu'à 16 sols 10 deniers : les années subséquentes, la dépense a été à-peu-près la même, à quelques fractions près; l'extrême rapprochement entre le revenu et la dépense, indique sensiblement la régularité établie dans toutes les parties de l'administration de cette maison. Les variations, survenues dans la cherté des denrées et des comestibles, nécessitent de recevoir un moins grand nombre de malades.

Les convalescens ont l'agrément de pouvoir se promener dans un charmant petit jardin, dont l'exposition est très-salubre, et la vue sur la plaine de Vaugirard, très-agréable. Nous avons manifesté notre surprise de voir les convalescentes se promener languissamment dans les corridors par un reste d'un préjugé mal entendu, il ne leur est pas permis de jouir de la promenade du jardin reservé aux hommes seuls; cette exclusion est humiliante et injuste pour le sexe, et la suppression de cet abus ne pourroit avoir, ce semble, aucun inconvénient: il auroit de plus le double avantage d'accélérer le rétablissement prompt et parfait des femmes.

Les commissaires de la ci-devant Académie des Sciences consultèrent, à l'époque de leur rapport, les tables de mortalité de différens hôpitaux, et présentèrent un grand nombre de leurs résultats, dont les deux points extrêmes sont un mort sur (1) à l'Hôtel-Dieu de Paris, et un mort sur (2) à celui d'Édimbourg.

A l'Hospice, dit de Saint Sulpice, la mortalité n'avoit pas été estimée d'une manière bien exacte dans les premières années, parce qu'on avoit soustrait du tableau les phtisiques et les caducs; on a rectifié depuis, cette erreur, en comptant scrupuleusement quel a été, dans chaque année, le nombre des entrées ainsi que celui des sorties et des morts; d'après ce calcul, on a trouvé que la proportion des morts ou guéris étoit d'un mort sur (3) : elle est excessive, si l'on considère le bon traitement de cet hospice, sa situation et son régime; mais pour remédier à un inconvénient de cette nature, peut-être faudroit-il diminuer le nombre des lits qui sont en trop grand nombre dans les salles.

---

(1) $4 \frac{1}{2}$

(2) $25 \frac{1}{2}$

(3) $7 \frac{2}{25}$

# HOSPICE DES PETITES MAISONS.

CET établissement est situé rue de la Chaise, faubourg Germain ; il est l'asyle de cinq cens trente-huit pauvres des deux sexes, de soixante et dix ans révolus ; on leur fournit dans cette maison du bois, du sel, une chambre pour deux, et un écu par semaine ; s'ils sont malades, ils sont reçus dans une infirmerie, où ils sont traités avec beaucoup de soins : pendant ce tems, ils ne reçoivent pas l'écu qui leur est alloué en état de santé.

L'âge très-avancé, auquel sont reçus les pauvres dans cet hospice, y rend la proportion des malades plus forte qu'ailleurs : aussi y a-t-il cent quatre-ving-sept lits sur cinq cens trente-huit pauvres.

Ceux-ci ont la faculté, quand cela leur plaît, de rester à l'infirmerie, quoique ayant recouvré la santé ; le bon esprit, qui dirige cette maison, préfère le bien-être de ceux qui l'habitent, à des économies qu'elle acquerroit en contredisant leur volonté.

L'ordre, la propreté, les soins se montrent par-tout dans cet hospice, et les pauvres y paroissent tous satisfaits du traitement qu'ils éprouvent. S'il faut juger de la plus ou moins grande perfectibilité des asyles, destinés à l'infortune et au malheur, par la mortalité, elle n'est ici, année commune, que de quatre-vingt ; et si l'on considère que tous ceux qui sont admis dans cette maison, ont au moins soixante et dix ans, et qu'un grand nombre en a beaucoup davantage, on trouvera cette mortalité peu considérable, en la comparant à celle des autres hospices.

Un

Un local est destiné, dans cette maison, à recevoir des personnes insensées, de l'un et de l'autre sexe; elles sont admises, lorsque leur famille paye une pension de cent écus; celles dont la folie est tranquille et douce, ont la faculté de se promener dans des cours peu spacieuses, et sont enfermées pendant la nuit dans des loges, bâties dans le même genre que celles de Bicêtre, et dont l'humidité est toujours pernicieuse à la santé de ces individus. Dans cette bienfaisante institution, la pitié, qui fait recueillir ces êtres malheureux, ne marque point un intérêt touchant et particulier à leur sort, dans les secours si incomplets qui leur sont donnés; la sureté publique semble plutôt consultée que le malheur de leur situation, et que le devoir de l'humanité. Aucun effort n'est tenté pour leur soulagement et pour leur guérison: je répète encore que de grands succès en ce genre honorent la Nation Angloise, qui, dans tous ses établissemens publics, manifeste un profond respect pour l'humanité; les François, plus pénétrés aujourd'hui de ce sentiment qu'aucun peuple du monde, sauront profiter des grands exemples de leurs voisins, et même leur en fournir d'utiles, qu'à leur tour ils se feront gloire d'imiter.

Une cour séparée de la maison, reçoit des malades attaqués du vice vénérien; ils payent *168* liv. pour le traitement qu'ils reçoivent: ce corps-de-logis peut en contenir une vingtaine; c'est une des recettes casuelles de la maison, mais peu considérable, puisqu'elle doit fournir à ces individus la nourriture et les médicamens.

Il y a aussi dans cette maison un bâtiment, où les enfans, à l'aumône du grand bureau, sont traités de la teigne, moyennant une somme de *30* liv.; vingt à vingt-cinq malades y sont communément réunis : deux ou trois grandes salles d'infirmerie, et un immense bâtiment pour loger près de la moitié des pauvres, ont été construits depuis dix ans; ces bâtimens, nécessaires par le mauvais état de ceux qu'ils ont remplacés, et par l'augmentation des pauvres à secourir, réunissent toutes les conditions désirables pour un hospice. Les salles y sont suffisamment élevées; elles ont une étendue convenable; l'air y est continuellement renouvellé, et on ne voit à l'extérieur aucun ornement superflu. Le projet de l'administration est d'utiliser l'église et le presbytère, en y construisant des chambres pour recevoir un plus grand nombre de pauvres. La vieillesse est naturellement portée au mécontentement et aux plaintes; elle croit toujours qu'on la néglige. C'est un défaut, ou plutôt un malheur de cet âge, dans toutes les classes de la société; il devroit être plus commun parmi les individus qui habitent l'Hospice des Petites Maisons; mais il faut convenir que ces défauts habituels à l'âge avancé, ne sont pas provoqués par les abus et les vices de l'établissement. La liberté dont ils jouissent, de satisfaire leur fantaisie, dans la libre dépense des sommes accordées par la bienfaisance publique, donne à leur inquiétude naturelle la seule consolation dont elle est susceptible.

---

# HOSPICE DES INCURABLES.

A l'extrémité du faubourg Germain, dans la rue de Sève, presque sur le boulevart, est situé l'Hospice des Incurables, qu'on pourroit nommer maison de Pensionnaires. L'objet de cet établissement est de secourir et de soulager ceux des pauvres malades attaqués de maux invétérés, à qui il ne reste aucun espoir d'être radicalement guéris, et dont les maladies sont constatées Incurables par les gens de l'art. Les réglemens excluent de cet asyle les maux contagieux; la teigne, la gale, la folie, l'épilepsie et autres maladies de ce genre.

Les bâtimens de cette maison sont spacieux, et forment deux corps-de-logis, dont l'un est destiné pour les hommes, et l'autre pour les femmes incurables. On trouve plusieurs salles, disposées en dortoirs, qui se croisent : celles du rez-de-chaussée sont grandes, élevées et très-bien aérées; mais on leur reproche l'inconvénient d'être trop froides en hiver pour des vieillards et des infirmes : les salles, placées au-dessus des premières, ont beaucoup moins d'élévation, moins d'air; mais elles ont l'avantage d'être plus facilement échauffées et plus commodes à habiter dans les tems froids et humides.

Ces salles contiennent quatre cens cinquante Incurables de l'un et de l'autre sexe, logés, pour ainsi dire, dans des chambres particulières, forment des compartimens, dont chacun renferme un lit, une table, une chaise, un réchaud, et quelques autres meubles nécessaires à une personne. C'est dans ces compartimens qu'habitent les Incurables, reçus dans cet hospice ; chacun d'eux, seul, à côté de son voisin, seulement séparé par une cloison, qui n'est encore pratiquée que dans les salles du rez-de-chaussée ; dans les autres, c'est un simple rideau qui forme la séparation. Tous les jours, matin et soir, on leur porte leur portion de pain, de vin et de viande : la maison leur fournit aussi le linge, l'habillement, ainsi que les autres secours qu'exige leur état.

Dans la vaste enceinte, qu'occupe cet hospice, on trouve plusieurs cours séparées, qui se communiquent entre-elles, et un petit jardin spacieux, planté d'arbres, à la disposition des infirmes : il est d'une bien grande ressource aux impotens, paralitiques ou estropiés qui sont conduits par les infirmiers dans des fauteuils à roulettes, pour respirer un air beaucoup plus salubre que celui des salles.

Cet hospice est fort riche, 400 mille livres en forment à-peu-près le revenu. La faculté d'y placer des malades, c'est-à-dire, d'y fonder un lit coutoit 10 mille livres : elle s'élève aujourd'huy à 12 mille livres. La plupart des places vacantes dans cette maison sont actuellement à la nomination du directoire du département. L'administration des hôpitaux vient de demander au Conseil Général de la Commune, que sous le régne de l'Égalité, le droit de nommer à un quart, à-peu-près, des lits fondés dans cet hospice, confié jusqu'ici au bureau, soit rendu au peuple auquel il appartient ; en conséquence le Conseil a renvoyé aux Sections la nomination à tour de rôle, des lits en les déterminant par le sort.

La mortalité, dans cette maison, est à-peu-près de quarante personnes décédées par an, sur la totalité de toutes celles qui y habitent, c'est-à-dire, sur le nombre de cinq cens vingt ; c'est dans la proportion d'un à treize ; mais il faut observer que ces cinq cens vingt personnes ne sont pas toutes des malades ; les unes sont en pleine santé, les autres en état de maladie ; et le reste doit être regardé comme étant dans un état moyen entre la santé et la maladie.

Pendant l'assemblée constituante, il a existé un projet de supprimer la maison des incurables, motivé sur le soulagement et le bonheur d'un plus grand nombre d'individus : en séparant des personnes qui n'ont jamais pû être heureuses dans leur commune habitation, en distribuant le revenu de la maison en pensions annuelles, à des pauvres qui seroient dans le cas de participer au bienfait de la fondation ; on leur fourniroit à domicile de quoi subvenir à leurs besoins, de quoi soigner leurs infirmités, au milieu de leurs parens, de leurs voisins, de leurs amis ; on gradueroit les secours suivant les besoins et les circonstances, et aucune partie de cette importante dotation ne seroit employée que pour ceux que les fondateurs ont eu en vue de soulager. C'est à l'administration actuelle à peser et comparer les avantages et les inconvéniens de cette mesure, et à l'adopter, si elle est avantageuse à un plus grand nombre d'incurables.

---

# HOSPICE DES QUINZE-VINGTS.

AUTREFOIS les Quinze-Vingts occupoient un terrain enclavé dans le quartier Honoré ; ils ont été transférés dans la maison qu'occupoient jadis les mousquetaires noirs, dans la rue de Charanton, faubourg Antoine : ils formoient une espèce d'association religieuse ; le nom de *frère* qu'ils portoient, et les autres usages consacrés dans cette maison, annonçoient les règles et les abus de la monasticité. Aujourd'hui trois cens individus habitent la maison dont nous parlons : on les distingue en aveugles et en voyans ; ils ont seuls droit aux distributions qui se font tous les mois ; mais quatre cens pensionnaires jouissent de diverses pensions, de 60 liv., de cent écus plus ou moins, jusqu'à l'époque ou ils puissent eux-mêmes être admis au nombre des trois cens.

Le nombre des femmes voyantes a été réduit à trente ; un aveugle non-marié reçoit 24 sols par jour ; s'il est marié il en reçoit quarante. Chaque enfant au-dessous de l'âge de seize ans, reçoit 3 sols par jour. Pour récompenser le zèle des voyans ou voyantes, qui s'unissent à des aveugles, on les a admis au nombre de ceux qui jouissent des avantages de la maison ; tous les autres sont considérés comme aspirans, c'est-à-dire, ayant droit, par la vacance des places, à recevoir le traitement complet de la maison. Le Comité des Secours se concerte avec celui des finances, afin qu'il n'y ait plus d'aspirant aux secours que la République doit aux malheureux. Ce Comité a procuré a l'administration les sommes nécessaires, pour fournir aux aveugles les secours dont ils ont besoin. Les veuves qui ont vécu cinq ans avec leurs maris, reçoivent 12 sols par jour de la maison.

Si l'humanité voit, avec satisfaction, dans la possibilité qu'ont les aveugles de se marier, un moyen de douceur de consolation dans leur malheureux état, la réflexion y fait voir quelques inconvéniens qui en balancent bien les avantages. Pourquoi unir à la jeunesse, bien constituée, la viellesse et les infirmités, attacher au mouvement d'un être vicié, par son organisation, la force et la santé d'un individu qui pourroit être bien plus utile ailleurs, multiplier ainsi la cécité, et la propager de race en race?

L'administration actuelle de l'Hospice des Quinze-Vingts, est composée de quatre officiers municipaux, nommés par le conseil général de la commune; douze aveugles, qui ont le titre de juré, font partie de cette même administration : ce sont les représentans des autres aveugles; ils ont voix délibérative dans les assemblées qui se tiennent publiquement dans une salle de la maison. Cette institution populaire et sage, qui a associé le pauvre aux délibérations qui ont rapport à son existence, en l'unissant, par son intérêt personnel, à l'intérêt général, en l'éclairant sur ses droits et ses devoirs, lui a appris à respecter et la régle et ceux qui la font observer. Cette administration a supprimé les antiques réglemens anti-sociaux, qui régissoient la maison. Nous n'entrerons pas ici dans les détails de ce code, aussi absurde qu'impolitique; nous croyons que les nouvelles régles ont rendu le sort des aveugles incomparablement meilleur, que le régime gothique sous lequel ils vivoient. L'infirmerie de la maison est fort belle, bien située; ceux des aveugles qui sont mariés, préfèrent d'être traités dans leur domicile, de façon qu'on ne voit presque que des célibataires à l'infirmerie. Les revenus des Quinze-Vingts sont évalués à 307388 livres; ils consistoient jadis presqu'uniquement dans le produit des quêtes. La vente du terrain de la rue Honoré, a porté cette prodigieuse augmentation dans les revenus de cette maison, et a donné le moyen d'améliorer le sort des aveugles, de leur interdire la quête, et de donner des pensions à quatre cens quatre-vingt-trois externes. Le trésor public paye 250000 pour la vente du terrain de la rue Honoré.

On a proposé les mêmes mesures pour cet établissement que pour la maison des Incurables, c'est-à-dire, de distribuer, en pensions suffisantes, le revenu de la maison, lequel seroit fourni aux aveugles dans les domiciles qu'ils choisiroient. Si ce plan ne s'exécute point, ne devroit-on pas au moins établir des hospices d'aveugles, dans les principales communes de la République, pour y recevoir les aveugles des départemens environnans, et leur fournir tous les secours que leur position malheureuse exige?

---

# HOSPICE DES VÉNÉRIENS.

Cet Hospice est établi dans la maison des ci-devant Capucins, faubourg Jacques; cet établissement sembloit nécessaire à former dans Paris. Six cens malades seulement, de l'un et de l'autre sexe, attaqués de la maladie vénérienne, recevoient par an un traitement gratuit, qui se donnoit à la maison de Bicêtre, tandis que plus de deux mille le sollicitoient, et qu'un nombre quatre ou cinq fois plus considérable encore, n'en formoit pas la demande, parce qu'il ne pouvoit concevoir l'espoir d'être admis à ce traitement, tout horrible et tout incomplet qu'il étoit. Ce genre de maladie exige, par la nature de son traitement, des précautions particulières, et sur-tout un éloignement de tout autre genre de maux, de toute communication. Nous ne croyons pas devoir ici entrer dans plus de détails; nous dirons seulement, que si la destruction de cette cruelle maladie ne peut jamais être complette, ce n'est au moins qu'en multipliant le traitement, qu'en le rendant facile à recevoir, dès les premiers symptômes du mal, que l'on peut espérer d'en atténuer la malignité, et d'en diminuer l'intensité.

L'hospice dont nous parlons, réunit plus de commodités que la dégoûtante infirmerie de Bicêtre; quatre salles de soixante lits, une salle de maladie chirurgicale, une de médecine de vingt lits; on traite la gale dans une salle particulière; deux salles de cent soixante-dix-huit, en tout six cens lits pour les vénériens : le jour que nous l'avons visité, il y avoit cent soixante-huit hommes, et cent quarante-huit femmes infectés du virus vénérien. Chaque malade est couché seul ; les salles des hommes sont de soixante-quatorze lits ; celles des femmes de cinquante-quatre. Il y a quatre salles de soixante lits, deux de cent soixante-dix-huit : il peut y avoir à-peu-près six cens lits destinés aux maladies vénériennes. Quoiqu'on ait pratiqué dans cette maison une fort-belle salle de bains, elle est encore insuffisante, puisqu'on est obligé de mettre deux individus dans la même baignoire ; ce qui, sans doute, est un très-grand inconvénient.

On a transféré dans cette maison, les nourrices, les femmes grosses, et enfans atteints de la maladie vénérienne, qui étoient auparavant traités à l'Hospice de Vaugirard. ils occupent ici un corps de bâtiment particulier ; nous y avons vû vingt-cinq nourrices, six femmes grosses, quarante-six enfans ; ceux-ci, nés avec le mal vénérien, en ont infecté les nourrices auxquelles ils ont été donnés, et les rendent ainsi victimes de leur pauvreté et de leur dévoûment. Diverses tentatives avoient été précédemment faites pour la guérison de ces malheureux enfans, soit en les traitant par des boissons et donnant à leurs nourrices des préservatifs, soit en les nourrissant au lait d'animaux et les soumettant à des frictions. Ils sont réunis dans cet hospice, comme ils l'étoient dans celui de Vaugirard, et sont donnés à des nourrices malades de la même maladie. La nourrice est traitée, et son lait apporte à l'enfant assez de contre-poison pour détruire en lui le vice qu'il faut combattre. Presque toutes arrivent grosses; leur traitement, qui commence avant leur accouchement, se continue jusqu'à la fin de la nourriture ; elles nourrissent à la fois, et leur enfant et l'enfant trouvé malade.

La proportion de la mortalité parmi ces enfans, peut être porté aux dix-sept neuvièmes; mais il faut observer qu'un grand nombre d'entre-eux ne prennent pas le teton et ne peuvent, par conséquent, être soumis à aucun traitement. Si l'on observe d'ailleurs, que parmi les enfans abandonnés, apportés à la maison de la crèche, sans indication de maladie, deux tiers meurent dans le premier mois, alors on trouvera la proportion moins forte, et le bien de cet établissement grand, quand, sur-tout, on saura qu'avant ce traitement, aucun de ces enfans réputés *viciés*, n'échappoit à la mort. Dans les avantages de cet établissement, il faut encore compter celui de guérir les nourrices.

Tous les médecins, et particulièrement ceux d'Angleterre, ne reconnoissent pas, que le mal vénérien soit aussi commun dans les enfans, que l'on pourroit le croire dans cette maison. Quelques-uns même, mais en petit nombre, prétendent que ce mal ne peut être communiqué par la mère, et qu'aucun enfant n'en est atteint en naissant. C'est à l'expérience et aux connoissances que l'on peut acquérir, a éclairer ce point de l'art de guérir; il doit résulter de cette incertitude, que quelques enfans, confiés à des nourrices vénériennes, pourroient bien n'être pas malades, puisque peu ont des symptômes très-marqués, et qu'on juge la maladie par la situation extérieure et générale de l'enfant; mais il est difficile, d'après ce que nous avons vû, et d'après l'opinion commune, de douter que quelques-uns ne naissent viciés. Il faut convenir que l'idée de ce traitement, est à-la-fois ingénieuse et humaine; et que c'est en l'appliquant ainsi, qu'on a la première fois imaginé de rendre, avec nécessité, la corruption utile à l'innocence.

S 2

On croit remarquer que les nourrices de ces enfans leur sont plus attachées, et en prennent plus de soins que les nourrices d'enfans sains, soit que l'état de maladie, où elles sont elles-mêmes, les rende plus foibles, et parconséquent plus sensibles, soit plutôt que par cette loi bienfaisante, et presque toujours certaine de la nature, ces femmes s'attachent, par les soins qu'elles donnent, par l'espérance et le plaisir de retirer ainsi d'un grand danger, ceux de ces malheureux enfans dévoués sans elles à la mort.

---

Nous croyons devoir terminer ici la description des Hospices principaux de Paris; il existe néanmoins encore dans quelques quartiers de cette commune, quelques maisons qui servent d'asyle à un petit nombre de malades : leur peu d'étendue, et leur peu d'importance, semble nous dispenser de faire ici le tableau de leur régime et de leur position. Nous allons présenter, en finissant, quelques bases générales, puisées dans un rapport fait par le Comité de mendicité à l'Assemblée constituante, lorsqu'il proposa l'organisation et la distribution des secours dans le département de Paris.

D'après les principes présentés par le Comité, les secours à domicile pour les malades et les vieillards, devroient former les secours habituels. En effet, parmi les malades qui ont droit aux secours publics, il en est qui, sans être en état de se faire soigner chez eux, ont pourtant une demeure, et même une famille; il en est qui, plus malheureux encore, sont privés de parens qui veillent à leurs besoins, et d'asyle où la bienfaisance puisse venir soigner leurs maladies. Plus grand seroit le nombre de malades soignés dans leur domicile, moins il faudroit d'hospices, et sur-tout de grands hospices.

C'est par les soins mutuels que l'esprit de famille se conserve, que les liens naturels se resserrent, que la bonté se cultive, que les mœurs se perfectionnent; presque toutes les vertus humaines sont fondées sur la bienveillance réciproque, et elles sont toutes à encourager dans un gouvernement Républicain.

Mais dans une commune, d'une aussi grande population que Paris, ces secours ne peuvent pas suffire seuls; car un grand nombre d'ouvriers, entassés dans des greniers, sont privés non-seulement de domicile, mais encore de logement où ils puissent être secourus, et n'ont point de famille qui puisse les soigner; au défaut de l'assistance la plus douce, celle dont ils sont susceptibles, et qui en approche davantage, qui pourroit adoucir, autant qu'il est possible, l'indispensable nécessité de ne pas appliquer généralement ce genre de traitement si doux, si consolateur, si simple; et c'est le systême des hospices.

C'est en réunissant ces deux systêmes de secours, en les faisant marcher de front, en laissant au cours naturel des choses à les balancer entre-eux, suivant la nature des besoins, que l'on pourroit assurer des soins complets aux pauvres dans leurs maladies. Une expérience, née d'une longue observation, a déjà éclairé sur ce point de grandes nations; et sous nos yeux, dans cette commune même, d'heureux essais en ont prouvé l'utile possibilité.

Le premier systême de secours, le secours à domicile, dépend particulièrement de l'établissement d'officiers de santé salariés, pour soigner le pauvre. Le comité proposoit d'en établir un par deux sections ; et quant au second moyen, il pensoit qu'un hospice pourroit généralement desservir quatre sections, indépendamment de deux grands hospices, de six ou sept cens malades. Pour compléter les secours pour les maladies, le comité croyoit qu'il étoit nécessaire d'établir deux maisons de convalescens, l'une à Chaillot, et l'autre à la Roquette.

En effet, l'expérience prouve que des malades, relevant de grandes maladies, renvoyés trop promptement chez eux, reprennent sur-le-champ le travail nécessaire à leur subsistance, et sont sujets à des rechutes fréquentes et dangereuses ; que s'ils sont conservés dans les hospices, au-delà du terme de leur guérison, ils y contractent très-souvent des maladies étrangères à celles dont ils viennent de guérir. A ces motifs de réparation de force de l'homme, qui relève d'une longue maladie, on doit encore ajouter, en faveur de l'établissement de ces maisons de convalescence, les ressources dont elles peuvent être, pour donner au malheureux, dénué de moyens de travail, et sans force suffisante pour s'y livrer, le tems de s'en procurer.

Le comité proposoit deux hospices, destinés à la guérison de la folie ; une de ces deux maisons seroit destinée aux foux, dont la maladie auroit résisté au traitement, et qui auroit été reconnue incurable. Conduits avec douceur, suivis avec surveillance, toujours active dans toutes les variations de leur état, beaucoup devroient peut-être à ces soins, l'effet salutaire et désespéré de leur traitement ; et le grand nombre de ceux dont l'incurabilité seroit constante, y jouiroit au moins de tous les ménagemens, de toutes les consolations dont leur état les rendroit susceptibles, et que leur doit l'humanité. La tranquillité et l'éloignement de tout bruit, paroissant particulièrement exigés pour la guérison de cette cruelle maladie, Charenton et le ci-devant couvent des Chartreux, paroissoient devoir être choisis pour cette destination.

Il faut, dit le rapporteur du comité, de grands établissemens à Paris, pour recueillir et soigner les Enfans-Trouvés, dont il faut évaluer le nombre à trois ou quatre mille par an; mais il semble incontestable que la nourriture et l'éducation de ces enfans à la campagne, est celle qui doit être préférée. Ces enfans, confiés à des familles, auxquelles il seroit payé une petite pension, recevroient ainsi les soins les plus avantageux, pour leur propre bien, et l'avantage public.

Quoiqu'il semble qu'ils devroient être tous élevés à la campagne, et augmenter ainsi le nombre de bras dévoués à l'agriculture et à l'industrie, il est indispensable d'avoir une maison qui puisse servir de dépôt pour recevoir ceux d'entre-eux, qui, par un motif quelconque, seroient renvoyés à Paris, afin de leur donner des soins qui assurent leur bonheur, et qui promettent à la République des citoyens utiles.

Trois maisons pour les vieillards et infirmes des deux sexes, paroissent suffisantes au comité pour les besoins de Paris, et pouvoir réunir tous ceux qui sont répandus dans plusieurs maisons, sous des noms différens.

Mais un genre de secours, nécessaire encore à comprendre, dans ceux de cette commune, c'est l'établissement d'une maison pour l'inoculation; car quoique la classe la plus instruite de la société, sente l'avantage de ce moyen précieux, de se préserver du danger d'une des plus cruelles maladies, cette connoissance est concentrée en France, peut-être entre cent mille personnes, et le nombre des victimes de la petite vérole est toujours considérable dans la République. Il est donc nécessaire de mettre l'inoculation à la portée de tous les citoyens. Un hospice d'inoculation est donc important à établir dans le département de Paris; il faut qu'il soit vaste, et que tous les traitemens y soient gratuits; la maison des ci-devant Oratoriens, vis-à-vis l'Observatoire, seroit très-convenable à cet objet. Ce précieux établissement, fait à Paris, seroit promptement imité dans les départemens; et bientôt, comme en Angleterre, il n'y auroit plus de commune où l'inoculation ne fût connue, pratiquée, et ne sauvât à la République, annuellement, un grand nombre de citoyens. La certitude du bienfait de l'inoculation, est une de ces vérités simples, qui frappent et persuadent dès qu'elles sont connues : il faut donc la faire connoître, la propager, comme toutes les vérités dont la société peut attendre quelque bien.

Il paroîtroit hors de propos, d'entrer ici dans les détails de l'administration intérieure de ces maisons; elle doit cependant concourir aux grands principes qui doivent diriger la bienfaisance publique, et sans l'exécution desquels, elle cesse d'être un bien : assistance entièrement complette à ceux qui ne peuvent travailler, et bien-être cependant du travail, à ceux qui peuvent encore en fournir.

Tous ces grands principes sont développés dans le rapport du comité, qui proposoit l'établissement dans Paris d'une maison de prévoyance, où des fonds, long-tems placés d'avance, et plus ou moins forts, selon l'âge de ceux qui placeroient, calculés d'ailleurs sur toutes les chances de mortalité, assureroient à ceux qui y auroient recours, une

une retraite douce et certaine pour la fin de leurs jours.

Le même comité n'hésite pas à proposer que tous les fonds destinés à la bienfaisance publique dans le Département de Paris, fussent réunis, sans attribution distincte pour telle ou telle maison, dans la caisse du département, pour être votés, selon les besoins, là où la nécessité s'en démontreroit; il pensoit aussi qu'il devroit être formé, près de l'administration générale des hôpitaux, un comité qu'on appelleroit Agence de Secours, lequel composé de huit personnes, devroit être choisi parmi celles qui réunissent à la philosophie la plus philantropique, le plus de connoissances en médecine, en physique, en fabrication, en travail de toute espèce. C'est cette Agence, qui, éclairée de l'expérience des peuples voisins, qui, forte de l'expérience de chacun de ses membres, de leurs recherches, de leurs réflexions, de leur instruction profonde, feroit ordonner des essais dont les succès certains feroient la douceur des malheureux qui en seroient l'objet, l'avantage de l'humanité entière et la gloire des administrateurs, qui les auroient dirigés.

Le calcul du dixième est la plus haute proportion des pauvres dans la République; ainsi calculant Paris à six cens mille habitans, le nombre de pauvres qui peut prétendre aux secours, sera de soixante mille; cette proportion a paru trop forte au comité qui l'a néanmoins adoptée; fidèle aux bâses qui ont dirigé le calcul de son rapport, il trouve une moitié de pauvres valides, c'est-à-dire, trénte mille, un dixième de malades, la plus haute aussi des proportions, c'est-à-dire, six mille, le reste en enfans, vieillards, vagabonds à réprimer.

Dans aucune des Communes, soit de la République, soit

étrangères, sur lesquelles le Comité se procura des renseignemens, elle n'est aussi considérable ; mais les chances, qui, dans un grand entassement d'hommes, occasionnent des accidens, des maladies, sont assez multipliées hors de l'exacte proportion ordinaire, pour que le calcul présenté ne semble pas trop exagéré. Le rapport de la ci-devant Académie des Sciences, sur l'*Hôtel-Dieu de Paris*, jugeoit le nombre de six mille lits suffisant au plus grand nombre de malades possible, dans le tems où la misère pouvoit être jugée la plus grande, et les maladies les plus fréquentes. Le résultat des secours, donnés à Paris aux malades, s'approche de cette proportion, mais n'y arrive pas. Il est à remarquer, que souvent les secours sont donnés à beaucoup de personnes réputées malades, et qui ne le sont pas, qui viennent chercher asyle dans les hospices, dont la surveillance d'une part, et l'activité du travail de l'autre doivent les écarter.

Selon les vues du comité, les hospices ne doivent contenir que de cent cinquante, à deux cens lits ; terme moyen, cent soixante-quinze, qui pourra être dépassé quelquefois, et qui souvent ne sera pas atteint. Quatorze hospices à cent soixante-quinze malades, donnent deux mille quatre cens cinquante lits, total trois mille neuf cens cinquante lits ; le Comité présume que deux mille cinquante pauvres pourroient être traités à domicile, toujours dans les cas très-rares de surabondance de malades.

Ceux à soigner à domicile, devant être traités par des officiers de santé d'arrondissement, ou de quartier, le Comité pensoit que le nombre pouvoit être porté à vingt-quatre, à raison d'un pour deux sections ; ces malades, au nombre de deux mille, en donneront quatre-vingt par deux sections; et quant à ce nombre de malades à soigner à domicile, il faut distraire les convalescens qui sont toujours à-peu-près le tiers; les maladies graves forment tout au plus le dixième des maladies; les neuf autres dixièmes ne sont que des indispositions plus ou moins légères, des maladies chroniques qui n'exigent pas des soins assidus.

Le Comité propose encore des hospices communs pour les femmes en couches : c'est pour elles sur-tout que la trop grande réunion de malades est pernicieuse et mortelle; on en a la preuve dans la fièvre puerperale, maladie factice en quelque sorte, et née au ci-devant Hôtel-Dieu, où elle a occasionné depuis si long-tems, et à des époques très-rapprochées, la plus effrayante mortalité.

Le plan de secours proposé par le Comité, est très-étendu; mais avec de l'économie, et une administration éclairée, la dépense eut été moindre que celle qu'occasionnent les établissemens actuels. Quatorze de ces maisons, avec plus de sept millions de revenus, ne secourent que vingt-huit mille individus environ, ce qui forme à-peu-près la masse totale des secours actuels de Paris.

Les mêmes bases, qui ont appuyé le travail, présenté pour l'organisation des secours de toute la République, ont servi à l'organisation et à la distribution des secours du Département de Paris. L'application des principes n'a reçu d'autre modification que celle qui résulte de l'étendue de cette cité, de la multiplicité de citoyens de tous les Départemens qui y abondent, de la misère, qui, par mille causes différentes, afflue, dans une grande Commune, dans une proportion beaucoup plus forte; enfin, à toutes ces considérations, qui exigent une plus grande réunion de secours pour Paris, nous ajouterons que les établissemens secourables, et de toute nature, devant y être multipliés, Paris doit fournir à toute la République l'exemple de tous les essais tentés pour la salubrité des maisons publiques, le perfectionnement de la guérison, enfin, toutes les améliorations qui peuvent tendre au soulagement de l'espèce humaine. Et dans ce rapport, une plus grande masse de fonds doit être destinée aux secours dans Paris; car nous ajouterons que, dans aucun lieu du monde, les établissemens qui servent au soulagement de l'humanité souffrante et malheureuse, n'ont plus besoin d'une entière réforme.

---

# TABLE

## DES MATIÈRES

CONTENUES DANS CE VOLUME.

AVANT-PROPOS, Page iij.

Introduction; situation de Paris; description succinte du Jardin National des plantes; campagne des environs de Paris; diversité de son sol, ses productions, 4 et suiv.; population de cette Commune, 6 et suiv. Caractère du Parisien; influence qu'a exercée la Révolution, sur les mœurs et les habitudes des habitans, 8 et 9.

## PREMIERE PARTIE.

DE L'AIR. Pag. 12.

Réflexions générales sur la nature, les qualités, propriétés et modifications de ce fluide, 13 et 14; état particulier de l'atmosphère de Paris, 14; action de l'air sur nos corps; respiration, 18; méphitisme de l'air; moyens proposés pour opérer la déméphitisation ; 20 ; humidité, cause principale qui concourt au développement des maladies dans cette commune, 23 et suiv.

Maladies le plus communément régnantes ; apperçu de celles qui sont propres aux différentes époques de la vie, particulières au sexe, relatives aux états, aux travaux ect. Indication générale de leur curation, 25 et suiv.

DES SAISONS. Pag. 30.

Effets des Saisons, influence de leur inégalité extrême sur les diverses maladies. Considérations qui en dérivent sur l'effet des remèdes ; variétés de la température de Paris ; dérangement qui influe sur le germe et la nature de ces mêmes maladies ; rapport plus considérable en raison du climat de cette commune, 31 et suiv. ; description de la chaleur du mois de Juillet de l'année précédente, 37.

Vents qui soufflent le plus ordinairement à Paris ; météores aqueux et ignés, 40.

DES ALIMENS. Pag. 42.

Considérations générales sur les Alimens ; observations sur la consommation de Paris; conseils diététiques, remarques sur la nourriture et le régime des habitans, 46 et suiv. ; café, ses propriétés relativement aux divers tempéramens, 49 ; usage du thé, du chocolat, 50. Les différens vins et les liqueurs, 51.

DE L'EAU. Pag. 53.

Généralités sur l'Eau et ses diverses propriétés, 54 ; eaux de la seine ; réfutation des préjugés qu'on avoit conçus sur leurs mauvaises qualités, comparaison de ces eaux avec celles des environs, leur excellence, 55 et suivant. ; eaux minérales de Passy, leurs propriétés, 61 ; rivière de Bièvre, son cours ; inconvéniens qui résultent de la stagnation de ses eaux : changemens à faire dans la disposition du lit et des canaux de la Bièvre, indiqués par le C. Hallé, 63 et suiv.

DE L'EXERCICE. Pag. 66.

Considérations générales sur l'exercice, sa nécessité à Paris, 67 et suiv.

DES PASSIONS. Pag. 70.

Influence des passions marquée d'une manière évidente sur la santé ; description des ravages qu'elles exercent sur le tempérament des habitans de cette commune.

DES VÊTEMENS. Pag. 74.

Généralités sur les habillemens ; usage et habitude des fards chez les femmes de

Paris ; leur influence sur la peau et la santé, 77.

## SECONDE PARTIE.

DESCRIPTION DES HOSPICES DE PARIS, pag. 21.

Hospice National de l'Humanité, 82 et suiv.
Maison de la Salpêtrière, 89 et suiv.
Maison des Élèves de la Patrie, 95 et suiv.
Hospice des Enfans de la Patrie, 99 et suiv.
Bicêtre, 203 et suiv.
Hospice du Nord, 109 et suiv.
Hospice de l'Unité, 111 et suiv.
Hospice de l'Ouest, 124 et suiv.
Hospice des Petites Maisons, 118 et suiv.
Hospice des Incurables, 121 et suiv.
Hospice des Quinze-Vingts, 124 et suiv.
Hospice des Vénériens, 127 et suiv.
Extrait du plan et du projet du rapport du Comité des Secours, sur l'organisation et l'Administration des Secours dans le Département de Paris, vues d'amélioration proposées, 130 et suiv.



*Fin de la Table.*

www.ingramcontent.com/pod-product-compliance
Ingram Content Group UK Ltd.
Pitfield, Milton Keynes, MK11 3LW, UK
UKHW020307180726
13839UKWH00001B/400